比咖啡店更美味的咖啡制作教程

　　在世界各国中最受欢迎的饮料当然非咖啡莫属。这个名为"Coffee"或"Caffe"的饮品，我用另外的名字来称呼它。对我来说，咖啡是幸福、休闲和快乐。我从未想象过会从事与咖啡相关的职业，而现在我眼前一个新的世界就因为咖啡而展开，真是神奇和令人惊喜。感谢命运让我了解咖啡，希望可以通过咖啡向在此刻对生活感到厌倦和疲惫的人们传递温暖与爱。同时也希望可以通过咖啡给正在世界某处饱受饥饿的孩子们分享新的生活。于是我怀着读到这本书的所有人都能像喝下一杯热咖啡般内心充满温暖和幸福的愿望开始了写作。

HOMEMADE COFFEE

大师级
手冲咖啡学

★★★

选豆 · 烘焙 · 手冲 · 品饮

[韩] 崔荣夏 著　石慧 译

中国轻工业出版社

虽然曾在职场中作为IT专家受到认可，年薪增长、职责增大，实际上担任数百亿项目的技术领导角色所需要承受的肉体上的疲劳感和心理上的重压感非常大。随着系统上线日期的临近，工作人员们就像情绪紧绷的猛兽一般，每每这样的瞬间都让我感到惆怅，健康也亮起了红灯，头疼得像要爆炸一样，心跳加速，血压也上升到160mmHg。我曾误以为只要忍耐，坚持认真工作就可以成为高管，日常生活也会变得舒适。当时和其他高管一起工作时也仔细观察了他们的日常生活，发现他们的压力和压迫感比我更重，不仅受繁重业务的困扰，甚至更加孤独。从那时开始我便产生了不要再让自己的人生每天浪费在反复无休的加班和繁重的工作及压力当中的想法。同时内心有一个声音响起，那就是去做让我感到幸福的事。

决定要辞职后，我思索着"什么能给大家带来安慰和幸福呢"，然后脑海中便浮现出了香甜的巧克力和暖暖的咖啡。小时候看到国外的甜点专卖店时，就想着"韩国要是也有这样的地方就好了"，于是在这久远的记忆被唤醒后，我决心要开一家甜点咖啡店。在确定这个想法的周末，我就立刻报名了韩国最知名的巧克力学院，开始每周末学习制作巧克力和甜点。我把练习时制作的巧克力作为礼物送给身边的朋友，大家都非常开心。当我还在公司的时候，每当在工作中成功完成艰辛的项目，觉得听到"比以前进步了"这句话是一句盛赞，但是香甜的巧克力和热咖啡所给予的幸福似乎比那些赞扬更有影响力。最终我在大型项目临近结束时果断离职了，怀着这样的抱负离开了公司。

"用一杯温暖的咖啡来安慰在职场中辛苦且孤独的中年上班族和每天为家事及养育孩子而操心的家长们吧！再为准备高考而感到疲惫的孩子们准备一杯热茶吧！用温暖抚慰人们的内心，帮助所有人变得更加幸福。"

从事咖啡业没多久，我就开始在一些企业和学校讲台上讲课，在中国、俄罗斯、印度尼西亚、蒙古等海外也成了讲授咖啡的专家。2011年我在咖啡之国埃塞俄比亚建立了一所小学校。种植咖啡的地方大多都是地球上最贫穷的国家，因此，农民们不能上学且每天只吃一顿饭的情况也屡见不鲜，于是我产生了为这些人建一所咖啡学校的梦想。即使学校没有华丽的外观，我也希望通过咖啡把幸福传递给在那里学习的孩子们，然而这个梦想通过创建学校实现了。希望未来我可以在更多的国家实现这种分享。

咖啡虽然是一种爱好食品，但它无疑已经成为让我们的人生更有价值的装饰品。我认为这是像可以装饰外貌的大衣或包包一样，是一种让人更加享受丰富多彩人生的道具。希望这本《大师级手冲咖啡学》可以对无论是第一次品尝咖啡，还是喜欢像在咖啡厅一样在家里享受咖啡的人们有所帮助。这不是针对专家开展的课程，所以我尽可能简单且更加具体和仔细地分解了内容。我相信，这本书不管是对想要在家里享受咖啡的读者，还是对想要创业的人们，都能在实质上有所帮助。

　　在过去的这段时间里，我通过咖啡领悟到了一些事情。咖啡不是赚钱的手段，而是用来分享和热爱的媒介。有时会结下很好的缘分，有时也会获得一些收益，希望咖啡的美好也可以在你的生活中得以利用。

咖啡，像这样开始吧。

目前可谓是咖啡的全盛时期，不仅可以按照自己的口味去选择国外品牌的咖啡专卖店，也可以去咖啡达人经营的咖啡馆里品尝咖啡，还可以去专业的咖啡学院学习。只要对咖啡有正确的认识，任何人都可以找到并且制作出符合自己口味的咖啡。下面要介绍的就是所有人都可以轻松学习的咖啡基础知识及制作出不逊色于咖啡店内咖啡的方法。

第一，熟悉咖啡的基础知识

对咖啡有基础的认知后，会对每天接触的咖啡产生不同的感受。符合自己取向的咖啡是什么，喜欢哪种咖啡豆，不同产地的咖啡豆会有怎样不同的味道等，积累相关的基础知识。了解咖啡的基础知识就是迈出享用咖啡的第一步。

第二，与咖啡变近亲

很多地方都可以很容易找到咖啡店，在街上也随处可见拿着印有咖啡店标志外卖杯的人们。如果想更好地了解在我们生活中占有一席之地的咖啡，就要经常喝咖啡，要先熟悉咖啡的种类和温度，知道自己喜欢的味道和香气是什么。

第三，请自己制作一杯美味的咖啡

如果你已经积累了一定的咖啡基础知识，那么现在就可以学习在家或在办公室里制作咖啡的方法了。首先要熟悉咖啡的萃取工具和方法：将原豆粉用滤杯或法式滤压壶萃取，也可以购买摩卡壶来提取一杯浓郁的意式浓缩咖啡。咖啡的萃取方式不同，咖啡的味道和香气也会有所改变。

第四，试着制作咖啡店内的菜单饮品

当咖啡形成一种文化时，每个人享受咖啡的方式也变得多样。有的人会挑选咖啡豆购买，也有很多人喜欢到咖啡专卖店品尝各种意式浓缩咖啡。把你的家当作咖啡店，现在试着亲手制作咖啡店内各式各样的咖啡吧。

第五，挑战一下拉花艺术

如果想营造不亚于咖啡馆的氛围，尝试一下拉花艺术（Latte Art）怎么样？拉花是指代表牛奶的"Latte"与代表艺术的"Art"相结合，意为"用牛奶完成的艺术"。不仅可以用牛奶完成拉花艺术营造独特的氛围，也可以在招待客人时展示。

第六，不要错过特讲

本书特讲里的内容可以使各位读者对咖啡的了解更上一层楼。专业与业余的差别就在于此，只要在基础知识上再多掌握一些实践技巧，就能像咖啡达人一样更深入享受咖啡。

目录
CONTENTS

Lesson3 萃取实践

萃取器具不同，味道也会不同

Lesson4 咖啡配方

咖啡店人气菜单，亲自尝试制作吧

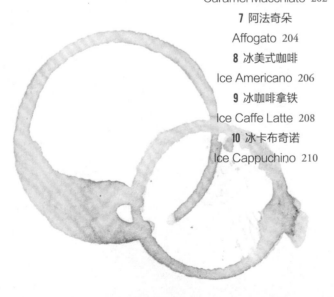

Lesson5 拿铁艺术
用奶泡增加咖啡的美感

咖啡常识

来一杯咖啡吗？

　　现在全世界有很多人喜爱咖啡，可以说是咖啡的全盛时代。以韩国为例，从事经济活动的职场人，每人每天会喝一杯咖啡。就在两三年前，大部分人还习惯在咖啡店里购买咖啡饮用，然而最近喜爱购买符合自己口味的咖啡豆或者用生豆亲自烘焙的人也越来越多，咖啡的人气不可小觑。为了可以更好地享用在我们生活深处占有一席之地的咖啡，现在开始关于咖啡常识的课程。

1
咖啡的魅力

休息和沟通的必需品

—

咖啡爱好者们平均每天会喝1~2杯咖啡。但是，有的人只是习惯喝咖啡，有的人是了解咖啡的魅力而享受咖啡，喝咖啡的意义不同，生活质量也会变的不同。对我来说，喝咖啡是在进入职场后不看别人眼色也能获得休息的最佳挡箭牌，而且我不吸烟，就更常借着喝咖啡来稍作休息。常常与前辈们一起喝的混合咖啡，不仅是休息，也是共享公司内部各种话题的重要时刻。

大学专业第一名同学的清晨咖啡

—

在大学时期包揽专业第一的同学有喝咖啡的习惯。他每天早上第一节课前总会喝一杯在自动贩卖机买的咖啡。在大学毕业后的职场生活中，我才发现咖啡可以提高注意力，赶走困意，快速产生能量使身体状态提升。大学时期那位专业第一的朋友可能早就知道了这个事实。

咖啡对于不同的人，或在不同时期都是有着不同意义的魅力饮品。对于上学的学生来说，是提高集中力、赶走困意的清醒剂；对于被繁重工作折磨的上班族来说，是休息时间的必需品；对于招待客人时，是毫不逊色的饮品；对于用完餐的人来说，是完美的饭后甜点；甚至有很多人在宿醉后的第二天把咖啡当作解酒的饮料。

让人变得亲切的香气

—

咖啡也是能温暖人们内心的灵药。美国著名的社会心理学家Robert A. Baron博士就曾用咖啡做了一个有趣的实验。在百货店内散发出研磨咖啡的味道后，观察人们在面对麻烦且琐碎要求时的反应。实验结果显示，咖啡香气弥漫时，表现出亲切反应的人数比没有咖啡香气时多了两倍。这个实验证明咖啡香气可以使人内心从容，并且引出宽容亲切的情感。

是的，咖啡真的可以让人拥有从容和温暖的内心、给人幸福感，是将生活变成享受的人生妙药。试着将闹钟调早30分钟，伴随着音乐起床，再配上一杯精心冲泡的咖啡来开始新的一天。

咖啡与生活品质

咖啡是一种神秘的人生妙药，根据你对咖啡了解的多少、你喝咖啡的意义，以及生活质量也会变得不同。

2
咖啡的诞生

咖啡的语源

——

咖啡是咖啡树结果之后，将果肉去除，只收集生豆（种子），并经过一定时间的炒豆烘焙过程，制作出原豆，再将原豆磨碎，加水萃取出咖啡成分饮用的饮料。

根据奥玛（Omar）传说，在咖啡果实传播到全世界之前，咖啡被阿拉伯人命名为Qahwa。之后，可能是因其特有的兴奋作用，便以阿拉伯语中有"力量"之意，同时也以咖啡发源地的埃塞俄比亚地名Kaffa来称呼它。传到英国时，就演变为Coffee这个名字。

咖啡的植物学名称是Coffea，意大利语为Kaffe，法语为Café，德语为Kaffee，荷兰语为Koffie，英语为Coffee，日语为コヒ，中文为咖啡，俄语为Kophe，捷克语为Kava，越南语是用Caphe来表示。英国最初称它为"阿拉伯葡萄酒"，到了1650年，咖啡爱好者亨利·布朗特（Henry Blount）开始称之为Coffee，并一直流传至今。

咖啡的原料
咖啡树果实中的种子也是咖啡的原料"生豆"。生豆也常被称作"咖啡豆"或"Green Bean"。

咖啡的传播

—

以埃塞俄比亚为原产地的咖啡树是经由邻国吉布提传播到也门。以红海相隔的埃塞俄比亚与也门，只需靠小船便可以轻松往来，也因此流传了各种说法。其中最有说服力的一种说法便是公元500年左右，埃塞俄比亚与也门发生战争，当时埃塞俄比亚的军人们将咖啡果实作为军粮带走，但是在也门的土地上战败撤退时把军粮留在了当地，也门人把这些咖啡果实拿来种植，开始了咖啡树的栽种。埃塞俄比亚是咖啡的原产地，由于山上的咖啡树是野生的，与其说是耕种，不如说是在随处可见的咖啡树上收获了自然产的咖啡果实，而也门一边种植咖啡树一边学习栽培技术。不仅如此，随着生产的咖啡从也门的摩卡港出口到欧洲，中东和埃塞俄比亚地区的咖啡都被称为"摩卡咖啡"。

根据记载，饮用咖啡的起源是在阿拉伯半岛南端也门的亚丁，人们为了治疗疾病食用咖啡树的果实，此后便以亚丁为中心快速传播开来；15世纪末期，传播至伊斯兰教的最高圣地麦加（Mecca），再通过麦加传到欧洲东南部、非洲、西班牙和印度。15世纪传播至埃及、印度和叙利亚，到17世纪从土耳其扩散到罗马帝国。到了18世纪发现新大陆，咖啡也随即传播到欧洲。

咖啡屋（Coffee House）对咖啡广受人们喜爱起了重要作用，也就是现在的咖啡专卖店。公元1500年左右在君士坦丁堡开设了第一家华丽的咖啡屋，因为店内气氛充满异国风情，吸引了很多观光客前来品尝咖啡，并将咖啡带回自己的国家传播开来。

1664年法国路易十四世初次品尝咖啡后，每年都会进口王室专用的咖啡。另外，英国一位名为雅克布（Jacob）的人1650年在牛津开设了咖啡屋后，到17世纪末仅伦敦就已经有了超过2000家的咖啡屋。但是，咖啡在欧洲正式传播的契机是通过战争，因为咖啡是出征的土耳其战士们的必需品。由于咖啡有振奋精神的效果，拿破仑也喜爱在战场上饮用。

1691年，美国第一家咖啡屋在华盛顿开业。到了18世纪初，波士顿以世界规模最大且最豪华的咖啡屋迎来了其全盛时期。1696年，纽约第一家咖啡屋开业。1730年甚至还建立了担任贸易中心角色的咖啡屋。再加上美国独立战争爆发，"波士顿倾茶事件"之后，咖啡变得更加普及。

亚洲国家中，日本是最早接触咖啡文化的国家，1878年咖啡树苗被引进，1888年第一家咖啡屋在东京开设。

摩卡港与摩卡咖啡的关系
摩卡港出口的咖啡有浓郁的巧克力香气，因此摩卡这个名词就作为"巧克力"的意思开始使用。最近加入巧克力糖浆的饮料名称也会带有"摩卡"这个单词，被称为摩卡拿铁、摩卡奇诺、摩卡星冰乐等。

3
咖啡的变迁史
（以韩国为例）

韩国最初开发的混合咖啡

——

"咖啡"这个名字只有一个，为什么会分为速溶与研磨原豆咖啡呢？虽然原豆咖啡才是鼻祖，但在我们的记忆中，更加熟悉的却是速溶咖啡，这又是为什么呢？

韩国与其他国家不同，比起原豆咖啡，速溶咖啡首先获得了大众的喜爱。20世纪50年代，速溶咖啡首次被美军带入韩国。当时在美军部队里随处可见的速溶咖啡，通过附近的居民或部队相关人员向外流出，俘获了韩国人的味蕾。韩国虽然咖啡文化起步较晚，但在咖啡历史上开发出了重要的发明品，那就是混合咖啡。1976年韩国将冷冻干燥的咖啡与一定量的砂糖、奶油结合，开发出了世界最初的一次性混合咖啡，至今都深受大家喜爱。

因高人气的混合咖啡而消失的茶屋

——

随着用适当比例的咖啡、奶油（奶精）、砂糖所制成的混合咖啡的销售，无论是在办公室、饭店、山上、海边，随时都可以享用咖啡。只需要倒入热水，就能轻松品尝到色香味俱全的咖啡，这对人们来说有着极大的魅力。

在当时混合咖啡不仅对咖啡普及有着重大影响，对于茶屋的逐渐消失也有着极大的影响力。据统计，20世纪70年代末，韩国的茶屋曾达到

速溶咖啡的诞生背景

速溶咖啡的诞生是由于生豆产量过高，库存处理困难，所以1900年初期巴西委托美国雀巢公司研究出解决产量过剩生豆的方案。1901年，日裔美籍科学家用热风将咖啡浓缩液烘干。

8800多家，说是每走一步就有一家茶屋也毫不夸张。当时扮演着邻里舍坊角色的茶屋，随着混合咖啡的登场也逐渐发生了改变，原本为调配黄金比例咖啡所必不可少的茶屋技师们在一夜之间失去了工作。再加上在家里享受咖啡的文化逐渐成为主流，大多数茶屋便销声匿迹了。

混合咖啡取代锅巴汤，成为饭后甜点

在20世纪80年代以前，咖啡还只是一部分引领潮流的人才会喝的饮料，而使咖啡扩散为全国民喜好品的契机，就是因为电饭锅和高压锅的登场。你可能会想："我们不是在讲咖啡吗，为什么又提到饭锅了？"，因为饭锅的出现使韩国的饮食文化发生了剧变。过去用铁锅或者其他锅煮饭时，家家户户都会将剩下的锅巴煮成锅巴汤作为饭后甜点，或是油炸干的锅巴再裹上砂糖，当成饼干吃。但改用电饭锅后，锅巴文化逐渐消失，人们改用混合咖啡作为饭后饮料代替锅巴汤。

混合咖啡的香浓风味
混合咖啡主要使用的是罗布斯塔种（*Coffee Robusta Linden*），这一品种咖啡的特点是有着像大麦茶、玉米须茶、锅巴汤一样香浓的味道。或许就是因为这样，韩国人不知不觉中就习惯了饭后用混合咖啡代替锅巴汤。

研磨咖啡风潮的兴起

——

1986年，出现了即使不准备热水或杯子，也可以轻松饮用的罐装咖啡。随着海外旅行变得更加自由，品尝过研磨咖啡的人也逐渐增多，于是慢慢出现了在家里享受研磨咖啡的人群。

尽管如此，依然有很多人喜欢喝速溶咖啡。当然，被认为是高级咖啡的研磨咖啡人气也日益高涨。20世纪后期，在办公大楼和大学附近，

年轻人手拿一杯外带咖啡被认为是干练的时尚风格，人们对研磨咖啡的好感度也越来越高。从咖啡进口趋势来看，2007年为2.3亿美元的咖啡进口额随着研磨咖啡市场的扩大，在2011年暴增210%以上而达到7.17亿美元，这便可看出研磨咖啡的超高人气。2012年冬天，访问韩国首尔的美国咖啡协会（NCA）会长Robert Nelson表示："韩国的咖啡消费量将进入世界排名前十位。"

自助咖啡专卖店

现在住宅旁巷子里也能看到咖啡店，可谓是咖啡专卖店的全盛时代。在1990年还很罕见的咖啡专卖店仅经过二十余年就获得了爆发性的成长，根据2013年的统计，韩国咖啡专卖店已经达到45000多家。尽管有人说这是过度供给，但某种程度上也可以说是出现了符合韩国的文化水平的适当数量的咖啡专卖店。仔细观察的话，就能发现大城市的大型卖场是过度供给的状态，小型卖场或地方城市则是供不应求。

那么咖啡专卖店是从何时开始出现的呢？20世纪80年代后期到90年代初期，出现了与现在的咖啡店相似的咖啡店专卖店。开这个先河的就是1988年在狎鸥亭洞的第一家店"Jadin"，那时不再是个人运营的小规模咖啡店，而开始出现了连锁店形式的咖啡专卖店。当时包括Jardin在内，还有日本知名咖啡连锁店Doutor、Nice Day、蘭茶廊等。除此之外，还出现了Herzen、Bremer、Arz、Mr. Coffee等品牌，也就在这个时候有了自助服务的概念。即使到了1990年，韩国人仍习惯于服务员来到客人座位旁点餐、端送食物或茶水的服务文化，所以自助式服务很难被接受。在咖啡专卖店点餐时，因为当时的咖啡名字比较陌生，所以客人很难选择。另外，自己下单、取餐，喝完之后还要清理，让很多人出现"花了钱还要做服务"的不满。这样开始的咖啡专卖店，是以滴漏方式制作滤泡式咖啡（Brewing Coffee）来进行销售。

上升到巅峰的韩国咖啡文化

—

1999年来自美国的咖啡品牌星巴克正式登场。当时位于梨花女子大学前的星巴克1号店内咖啡价格高达16~22元人民币。那时大学生一餐的平均费用在11~16人民币，要尝试地喝一杯比一顿饭还要昂贵的星巴克咖啡是非常奢侈的。但是仅仅过了十多年，就演变成了大部分人都习惯餐后去咖啡专卖店享用一杯咖啡的时代。就像俗话说的"十年江山移"一样，人们的思考也在十余年间发生了巨大的改变。

2010年以后开始，韩国咖啡店的室内装潢水平大幅提升，与全球连锁店相比也毫不逊色，并且成为世界最多咖啡师资格证拥有国、世界最多鉴别咖啡品质的方法（Cupping）资格证拥有国。说起学院文化，韩国也在咖啡师教育领域拥有较高水平。

Brewing Coffee是什么？
指的是不用咖啡机，而是利用重力的原理冲泡咖啡的方式。
适用于用滤杯、爱乐压（AeroPress）、摩卡壶（Moka Pot）、法式滤压壶（French Press）、咖啡滤壶（Chemex）制作的咖啡。

韩国的咖啡文化

仅在十几年前，餐后买一杯昂贵的咖啡还是很奢侈的事情，如今却变成了人们习惯餐后喝一杯咖啡的时代，韩国的咖啡文化直线上升，走向巅峰水平。

韩国的
咖啡品牌

　　进入2000年，韩国的咖啡文化也到了文艺复兴时期。不仅是The Coffee Bean、CAFFE PASCUCCI等海外品牌咖啡专卖店开启了激烈的市场竞争，HOLLYS COFFEE、TOM N TOMS等韩国本土品牌也开始出现。尽管当时韩国的咖啡水准还处在模仿海外咖啡专卖店的阶段，2000年中期，凭借《咖啡王子一号店》这部电视剧获得的超高人气，烘焙咖啡店（Roastery Cafe）的概念和咖啡师（Barista）这样的咖啡专家也开始被大家知道，也是当时被认为是咖啡店的服务员而转变为咖啡师的契机。就这样，韩国咖啡专卖店的咖啡水准直线上升，在短时间内成长为世界较高水平。

星巴克——焦糖风味

使用尼加拉瓜、巴西、萨尔瓦多、哥斯达黎加、哥伦比亚、危地马拉、巴布亚新几内亚等地所产的阿拉比卡品种生豆，在美国烘焙后进口到韩国。虽然是调弱酸度的保守咖啡，但其浓郁的香气和甜味以及绵长的余味有着很好的均衡度。人气菜单饮品有美式咖啡、咖啡拿铁、焦糖玛奇朵、抹茶星冰乐。

The Coffee Bean——柔和的香味

使用危地马拉、巴西、埃塞俄比亚、印度尼西亚、哥斯达黎加、哥伦比亚、肯尼亚、巴布亚新几内亚等中南美所产的阿拉比卡品种，以及印度尼西亚产的四种生豆，在美国以五种烘焙方式制成的原豆。特点是不将生豆炒焦，最大限度的保留豆子本身的醇香。以年轻阶层和女性为目标推出了柔顺的咖啡，人气饮品有美式咖啡、香草拿铁、白巧克力拿铁、摩洛哥薄荷拿铁。

CAFFE PASCUCCI——浓郁意式

以意式浓缩的配豆方式将阿拉比卡豆和罗布斯塔豆混合。将危地马拉、多米尼克、巴西、埃塞俄比亚、印度、萨尔瓦多、哥斯达黎加、哥伦比亚、秘鲁等地收获的生豆在意大利蒙泰切里尼奥内地区进行烘焙与配豆。以中等强度的火候慢慢烘焙使水分自然地蒸发，特点是保留了咖啡豆中适当的酸味与苦味。除了咖啡之外，意式原味酸奶冰淇淋和帕尼尼三明治也是人气美食。

Caffe Bene——香甜的味道

仅使用在巴西、洪都拉斯、埃塞俄比亚、巴布亚新几内亚收获的阿拉比卡品种生豆，在韩国进行烘焙，有着精品咖啡的清新香味。除了温和的美式咖啡，还有咖啡拿铁，巧克力碎片法沛诺（冰沙）和蓝莓拿铁这样的人气饮品。

Angel-In-Us——深度烘焙

仅使用墨西哥、巴西、哥斯达黎加的阿拉比卡品种生豆在韩国进行烘焙，展现出典型且保守的深度烘焙咖啡风味。美式咖啡、曲奇奶油冰沙和思慕雪都很受欢迎。

TOM N TOMS——酸味与甜味的调和

混合使用了阿拉比卡豆和罗布斯塔豆，将印度尼西亚的托那加（Toraja）、巴西的桑托斯（Santos）No.2、哥伦比亚的苏帕摩（Supremo），埃塞俄比亚的耶加雪菲（Yirgacheffe）混合调配后在韩国进行烘焙。用电子烘焙方式均匀的炒制生豆，保留豆子固有的香气，其特色是具有厚重的口感与均衡的酸味和甜味。除了咖啡饮品外，即点即做的蝴蝶酥也很美味。

HOLLYS COFFEE——韩式咖啡

主要使用巴西与哥伦比亚产的阿拉比卡品种生豆在韩国进行烘焙。其特色是比起苦味和酸味，更照顾到喜欢柔顺风味的韩国人口味。特色咖啡中的黑森林冰沙和甜点菜单里的蜂蜜面包球很受欢迎。

A TWOSOME PLACE——浓郁原豆的风味

使用危地马拉、巴西、哥斯达黎加、哥伦比亚产的阿拉比卡品种生豆，在韩国进行深度烘焙。菜单里有添加两份Ristretto浓缩，比美式咖啡味道更加柔顺的黑咖啡（Long Black）。美式咖啡、冰焦糖玛奇朵、冰珍珠抹茶拿铁也都很有人气。

EDIYA——柔顺的酸味与深沉的味道

使用阿拉比卡品种，但主要将哥伦比亚的苏帕摩（Supremo）与巴西、哥斯达黎加、危地马拉产的生豆大概两种进行混合搭配，可以享受到柔顺的酸味和风味。人气菜单饮品有美式咖啡、咖啡拿铁、热巧克力、西柚冰沙、酸奶冰沙等。

4
咖啡与健康

咖啡有害健康已成为旧谈

—

说一个有趣的故事，中世纪法国的一位医生为了要证明咖啡和茶有害身体健康的事实，让一个人持续喝咖啡，并让另一个人不断喝茶，以此来研究谁会先死，以及哪一种对人身体更有害。结果如何呢？比起喝咖啡和茶的实验对象，研究此试验的医生先去世了，这是个反驳咖啡和茶有害身体健康认知的趣事。

不久前人们关于"咖啡是有害健康的饮料"的认知还很强烈。虽然要断定"咖啡有益健康"还很困难，但是最近有很多研究表明，咖啡对身体比我们想象中更加有益。目前还有一些医生认为咖啡有害健康，劝说病人不要喝咖啡。事实上，过去的咖啡萃取设施、包装技术、运输方式、保存方法等都很落后，导致咖啡容易酸腐变质，所以才会对身体有害。另外，在方便又美味的混合咖啡中添加的奶油，其中植物性脂肪也会引起这种误会。因为长期持续摄取奶油，对体重管理和胆固醇是致命的。根据报道，等量的咖啡，速溶咖啡中所含的咖啡因是研磨咖啡的五倍，当无法立刻戒掉咖啡时，最重要的就是要更美味且健康地享用咖啡。

关于咖啡因产生的误会

—

最近有主张声明多喝咖啡会增加患高血压的风险，也有研究结果表明咖啡可以预防糖尿病与老年痴呆。正因为有这样两极的评价，让人开始苦恼到底是应该喝咖啡还是戒掉咖啡。但是咖啡确实不同于我们一直以来对它的否定态度，反而有诸多益处。首先要解开人们对咖啡因的误解，咖啡因是一种无色无臭的苦味成分，被人体吸收后，会附着在末梢神经上，提高脑部血流速度，促进大脑活动和新陈代谢，提振精神。但是每个人对于咖啡因的反应都不同，有些人喝一杯咖啡就会心跳加速，夜晚失眠。

2007年韩国食品医药品安全厅指出，成人每天可以摄取400毫克咖啡因。400毫克咖啡因相当于4杯美式咖啡、6杯混合咖啡、5罐罐装咖啡。

最重要的是，咖啡因不会积存在身体中，在摄取后经过一段时间会全部排出体外。人们常说咖啡因容易上瘾，但事实却并非如此。世界卫生组织也曾表明咖啡因是没有依赖性的物质。但是把生豆过于重度烘焙的话，会产生一部分烟草里也会含有的成分，这样的话是有可能上瘾的。咖啡爱好者中有人会执着于特定品牌的咖啡或者出现不喝某种咖啡就无法开始工作的情况，很可能就是因为对重度烘焙的咖啡豆产生了依赖性。

咖啡因和成瘾性
世界卫生组织规定的国际疾病
分类中,咖啡因没有被指定为
易上瘾物质,在关于咖啡因的
研究中也没有发现其依赖性或
滥用性。

咖啡可以预防糖尿病

原豆咖啡有助于调节血糖，预防糖尿病。但喝咖啡时，若根据个人口味加糖或者奶油，则要注意如果加入过量会导致血糖升高，可能会引发糖尿病。

一天喝4杯咖啡，可预防糖尿病与痴呆

—

咖啡最具代表性的积极效果就是可以预防糖尿病。咖啡中的镁和氯酸能够防止葡萄糖的堆积，并有改善血糖调节机能的效果。美国约翰斯·霍普金斯大学研究小组以12204人作为研究对象，结果显示比起不喝咖啡的人，每天喝4杯以上咖啡的人患糖尿病的风险要低33%。另外咖啡对预防痴呆也有帮助，芬兰和瑞典的研究小组对1409名五十岁的男女进行了二十多年的追踪调查，结果显示，每天喝3~5杯咖啡的人比不喝咖啡的人痴呆发病率要低60%~65%。

提升注意力及有效减肥

—

正如我们所熟知的，咖啡对赶走困意很有效果。这是因为咖啡因能激活中枢神经，提高集中力与记忆力，在脑部活动中担任润滑油的角色。这也有助于艺术家们的创作活动，所以无论是作家还是绘画的艺术家好像都很喜欢喝咖啡。另外，咖啡因起到些许兴奋的作用，充当了"爱情灵药"的角色，帮助提高异性间的好感度。

最近很多人指出咖啡中含有的多酚成分具有强烈的抗氧化功能，有助于预防老化。所以如果洗脸的时候使用，对防止皮肤老化有帮助。但稍有不慎脸就会变成黑色，所以只有想要拥有黑肤色的人才可以大胆尝试吧。

除此之外，还能分解体内脂肪，具有利尿作用，帮助排出体内废物，加速心脏跳动，促进血液循环，对运动效果和减肥也有帮助。我们的身体在消耗碳水化合物或糖分之后，才会燃烧体内脂肪。咖啡中的咖啡因成分有助于分解脂肪，在碳水化合物被消耗前，先分解脂肪，起到减肥的效果。喝咖啡的话，人体的能量消耗量会增加10%左右，这是因为咖啡中含有的烟酸能够促进热量的消耗。但是，如果我们的身体含有过多养分，咖啡因反而会使碳水化合物快速转化成脂肪，所以请记住，饱餐一顿之后喝咖啡反而会对减肥产生阻碍。

用咖啡代替蜂蜜水解酒

—

有些爱喝酒的人结束酒局后，会到咖啡店喝一杯咖啡再回家，这对于醒酒和缓解宿醉是很有效的方法。研究结果表明，饮酒后喝咖啡可以将肝脏解毒时间缩短一半，因为咖啡中的咖啡因有助于肝脏的活性和血液循环，帮助快速的代谢和毒素的分解。但是，胃不好的人需要适量摄取，因为咖啡中含有刺激胃的单宁酸成分，会引起胃酸或胃痛。如果喝了咖啡后感觉胃痛，建议去做胃镜检查。不过，如果喝了放置太久变酸腐的咖啡，也可能引起胃痛或头痛。

咖啡对于孕妇来说，宜适量摄取。因为咖啡中含有的咖啡因会妨碍体内钾、钙、磷等的吸收，如果过多饮用咖啡，也会阻碍胎儿吸收必要的养分。另外，放置太久而酸腐的咖啡或是过度烘焙而烧焦的咖啡也会对人体有害，应尽量避免。

为喜爱咖啡的孕妇所准备的咖啡
如果是热爱咖啡的女性，在怀孕初期要控制咖啡的摄取量，进入孕中期后，选择浅烘焙咖啡，每天饮用量不超过1杯较为适当。选择低咖啡因的咖啡或者喝以谷物、香草烘焙的茶来替代咖啡也是个很好的方法。

5
多样的咖啡

意大利——强烈的意式浓缩咖啡

——

在意大利说"喝杯咖啡吗?",当然就是指喝浓缩咖啡(Espresso)。在用意式咖啡机萃取出的浓郁浓缩咖啡中,加入砂糖,轻轻地搅拌后饮用,就是意式浓缩咖啡。意大利与韩国有很多相似之处,包括都偏爱快速的事物。"Espresso"这个单词在意大利语中意为"迅速的""快的"东西,客人在咖啡店要求店员快点制作咖啡,结果后来就演变成了咖啡的名字。急性子的意大利人在午餐结束

时间前,来到咖啡店寻找的大概就是"这里制作的最快的饮品"了吧。点餐之后一分钟内就可以制作出浓缩咖啡,客人不需要坐在座位上等,直接加入一两勺砂糖,轻轻搅拌一下就可以喝了。

反之,意大利人在下午结束了一天的工作,与家人一起享用了丰盛的晚餐,在舒适的聊天氛围中进行晚餐收尾时,选择的咖啡则是卡布奇诺。卡布奇诺是在浓郁的浓缩咖啡中加入打进满满空气、有细密泡沫的牛奶,还会在丰富的牛奶泡沫中加入肉桂粉或巧克力粉,有的甚至还会撒上金箔来营造更高级的气氛。

法国——混合牛奶的欧蕾咖啡

—

我们常用的"法式滤压壶"是具有代表性的法式咖啡器具,"欧蕾咖啡"也是典型的法式咖啡。在法式滤压壶中加入略粗研磨的咖啡粉,倒入热水浸泡后饮用,其优点是使用便利,还可以按照自己的喜好调节味道。不仅是咖啡,还可以用来泡制红茶或草本茶等。欧蕾咖啡是将咖啡与牛奶混合的饮品,法式欧蕾咖啡是在滴滤式的咖啡中混合了温热的牛奶。这里提到的滴滤式咖啡不是手冲咖啡,而是指用咖啡机煮出的咖啡。还有欧蕾咖啡壶,有着可以握住腰部、突出的把手,其设计独特且有型,品尝咖啡时也多了些许乐趣。

巴西——长时间烘炒的浓缩咖啡

—

占据世界咖啡产量30%的巴西,以生产优质的咖啡生豆而闻名。在巴西,深度烘焙(将咖啡豆长时间烘炒出浓郁的味道)后萃取的香浓咖啡是最为大众化的一种,只需放入砂糖,倒进小咖啡杯(Demitasse或Espresso杯)中饮用。巴西生产的生豆几乎都是从桑托斯港出口至各个国家,因此巴西咖啡也被称为"桑托斯咖啡"。

埃塞俄比亚——像举行宗教仪式般的咖啡

—

埃塞俄比亚是咖啡的原产地，为成为咖啡的故乡而感到自豪。在这里享用一杯咖啡不仅是品尝味道而已，也可以看作是继承生活中根深蒂固的文化和传统。像举行神圣的宗教仪式一般，焚香，洗净生豆，在锅中烘炒，再用木杵细细捣碎，通过这样的过程传承着文化与传统。

哥伦比亚——清新香甜的咖啡

—

继巴西之后，世界第二大咖啡生产国哥伦比亚的咖啡栽培量占据世界的12%。哥伦比亚产的Supremo有着"温和咖啡的代名词"之称，其特色是融合了柔和的酸味、苦味及像浓郁巧克力香的甜味。哥伦比亚人常喝的是一种称为"Tinto"的咖啡，先把黑糖放入热水中融化掉，再倒入咖啡粉搅拌，直至咖啡粉完全沉淀，静置5分钟左右，只饮用上层清澈的咖啡。

希腊&俄罗斯——搭配蛋糕一起品尝的咖啡

—

美丽的地中海国度希腊，以喝完咖啡后将杯子倒扣，通过剩下咖啡的流动痕迹预测未来的"咖啡店"而闻名。咖啡痕迹中如果出现动物或字母的形状，便以此来占卜未来。在希腊，主要将加了牛奶的咖啡搭配蛋糕、芝士和派等一起食用。

俄罗斯可能是由于气候寒冷的缘故，在可可粉中倒入咖啡，然后加入砂糖饮用的"俄罗斯咖啡"非常有名。根据不同地方的特色，也会在咖啡中加入牛奶、奶油，或者用果酱、酒来代替砂糖。俄罗斯人喜爱高热量的香甜口味，所以喝咖啡时会搭配面包一起食用。

越南——加入炼乳的香甜咖啡

—

越南主要生产用作意式浓缩咖啡配豆或速溶咖啡用的罗布斯塔品种，由于是大量生产咖啡的国家，咖啡变得很常见，价格也非常低廉。或许因为如此，越南咖啡的特点就是十分浓郁，所以人们不会直接饮用，而是用炼乳代替奶油和砂糖加在咖啡中，这种浓郁且香甜的喝法就是普遍的咖啡享用方式。最近，作为高级咖啡而受到喜爱的阿拉比卡咖啡产量也在不断增加，越南中部山区所生产的咖啡也备受好评。

美国——淡饮的美式咖啡

—

美国作为咖啡的最大消费国，在1767年通过了征收茶税的法案后，人们便开始享用咖啡作为代替品，一般偏好清淡的咖啡口味，这便是我们所说的"美式咖啡"。以前为了展现清淡的味道，使用浅烘焙（弱烘炒的程度）的咖啡原豆，不放砂糖或奶油，倒在大杯子里饮用。但是最近也会使用略高烘焙强度（烘炒程度）的咖啡原豆，同时增加水量，冲泡出清淡口味的咖啡饮用。

special lecture 2 | 特讲2

不同国家的咖啡生产
与消费比率

　　咖啡是全世界农产品贸易量第一的品种，然而第一名竟然不是被人们作为主食的大米、小麦、玉米，真是令人吃惊。能如此神奇的稳居第一的宝座，还有一个隐藏的缘由，那就是因为咖啡的产地与消费地不同。咖啡种植大部分在中南美洲、亚洲、非洲等的贫困国家，而消费则主要在美国、欧洲、日本、韩国等发达国家或地区。神奇的是，大部分的咖啡消费国都无法生产咖啡。虽然夏威夷也会种植咖啡，但夏威夷的生豆产量远远无法满足美国的咖啡消费量；此外，夏威夷产的生豆反而出口到美国以外的日本或其他国家。在韩国江原道或济州岛、京畿道附近栽培的咖啡，目的不是为了生产生豆，而是作为观赏收益或苗木销售之用。

咖啡第一大生产国：巴西

虽然不同的国家，生豆的包装单位也会有所差异，但一般会用60千克的袋子来包装。2013年世界咖啡产量以60千克的包装袋为基准计算的话，已达到1亿4461万袋，其中产量最高的国家就是巴西，产量是5582万袋，第二名越南是2200万袋，第三名印度尼西亚是1273万袋，第四名哥伦比亚是950万袋，第五名埃塞俄比亚是810万袋。

很多人对于越南咖啡生产量为第二名而感到惊讶，越南生产的咖啡品种大部分为罗布斯塔，这类咖啡很少以单一品种饮用，所以一般人很少会在咖啡店接触到，大部分都是在工厂里作为意式浓缩咖啡的配豆使用。2013年第三大咖啡生产国是印度尼西亚，在此之前这个位置一直都是由哥伦比亚所占据。但是由于近期哥伦比亚的咖啡树病害，进行改良时产量减少，而在这期间印度尼西亚的生豆产量增加，从而改变了排名。五大咖啡生产国的巴西、越南、印度尼西亚、哥伦比亚、埃塞俄比亚，称这五国为咖啡之国也不为过。巴西生产的阿拉比卡咖啡豆，占世界产量的一半，价格低廉且品质优良；越南是速溶咖啡中常用的罗布斯塔咖啡豆的最大生产国；印度尼西亚在众多岛上生产多样化的咖啡；哥伦比亚以其品质优秀且产量丰富，并能以低廉价格品尝到最高级的咖啡品种而闻名。

咖啡第一大消费国：美国

那么咖啡消费量最多的国家是哪里呢？根据国际咖啡组织（International Coffee Organization, ICO）的统计结果，以进口量为基准的话当然就是美国。第一名美国的生豆进口量为2679万袋，第二名德国为2179万袋，第三名意大利为881万袋，第四名日本为828万袋，第五名法国为660万袋，韩国为194万袋，排在第十四名左右。这是以ICO统计为基准的，如果考虑到这项统计中没有的部分，可能会出现些许变动。从统计中可以看出，咖啡消费量较高的国家大多为发达国家，实际上，排名前两位的经济大国在咖啡消费国中也是对应排列在第一、第二位。近期韩国的咖啡专卖店数量急剧增加，从统计数据来看排在第14~15名左右，与韩国的经济水平位置相仿，从而可以看出咖啡消费量的上升。如果加上非公开的数据，韩国的咖啡消费应该可以排在第9~10名左右。由此看来，韩国的咖啡店数量突然增加，与其说是因为咖啡店热潮，不如理解为韩国咖啡消费符国家经济水平的增长。

人均咖啡消费量第一：芬兰

咖啡消费最多的国家分别为美国、德国、意大利、日本，但是人均喝咖啡最多的国家是哪里呢？根据ICO在2011年度统计数据显示，单人消费量第一名的国家是芬兰，每人每年可以消费12.9千克的咖啡。以一杯咖啡所需8克的咖啡豆为基准的话，相当于1612.5杯，也就是说全体国民每天会喝4~5杯咖啡。第二名是挪威，人均消费量为9.51千克；第三名丹麦为8.21千克；美国为4.24千克；以咖啡闻名的意大利为5.62千克；韩国为2.17千克左右。如果按照2013年统计，韩国的消费量可能会有所提升，但是根据国民数量来划分的话，平均每人每天大约喝一杯咖啡。

咖啡与经济

咖啡在发达国家的消费率很高。欧洲、美国与日本的消费量接近整体消费量的50%。但是，从最近中国与印度的咖啡消费量持续增长来看，在未来10年内咖啡消费国的版图可能会发生改变。

咖啡学习

了解咖啡后，
咖啡会更加美味

最近对咖啡豆的生产历史感兴趣的咖啡爱好者越来越多。通过烘焙咖啡店内的兴隆景象以及以普通人为对象的咖啡讲座逐渐增多，就很容易看出人们对咖啡的关注度在不断增加。为了寻找符合自己喜好的咖啡，先确认自身对咖啡的了解有多少，再积累起什么是好的咖啡原豆、不同产地的咖啡有怎样的味道等基础知识。对于咖啡的学习，不仅可以更接近咖啡，而且也是迈出可以享受咖啡的第一步。

1
关于生豆的知识

咖啡的原料，生豆

———

只要是喜欢咖啡的人，都会非常熟悉咖啡原豆、咖啡香、咖啡粉等与"原豆"相关的词语，但是对于"生豆"这个单词大家还是有些陌生的。生豆是指咖啡豆被炒成深褐色之前的状态。经烘焙过的咖啡豆虽然很常见，但很少有人见过咖啡树果实中的种子，也就是生豆。可能即使看到过也未必知道这就是咖啡的原料。实际上不仅仅是我们不知道，在咖啡生产国的一些搬运工人或海关人员也以为生豆只是一般的豆子。也可能是表示生豆的单词"Green Bean"中也包含了豆子（Bean）这个词，所以才产生了误解。

咖啡树虽然可以长到5~10米，但是为了方便收获而改良了品种或进行剪枝，将其培养在1~2米。咖啡树开花后会结出红色或黄色的果实，在酸甜的薄果肉（Pulp）中有两颗被坚硬外皮包裹的种子，以互相面对的模样贴在一起。坚硬的种子外皮，就是内果皮，也称作Parchment。回想一下我们常见的银杏构造，就很容易理解了。在内果皮内有一层非常薄的银皮（Silver Skin），里面就是生豆。两颗生豆相对的那一面较为平坦，中间有一道长长的线，被称为中央线。里面大多为两颗种子，但也有一颗种子的称作"Peaberry"，三颗种子的称作"Triangular"。

咖啡树的果实与水果一样都有收获的时期，韩国是在春秋两季。不同的国家，大约会在4~5月份或11月份收获果实。

最好的生豆要在赤道地区的高原栽培

——

正如要用热火适当地烘炒咖啡豆才会有好的味道一般，咖啡树只能在阳光充足，不会寒冷且全年都气候温暖的地区栽种。以赤道为基准，在南北纬25度之间的地带，咖啡树生长的好，这个种植咖啡的地带被称为"咖啡带"（Coffee Zone或Coffee Belt）。平均气温为5℃以上才适宜种植咖啡树。偶尔会有人问我韩国是否也可以栽种咖啡树，但由于韩国不符合上述条件，所以不能种植。当然在温室里用于研究或观赏用的栽种是有可能的，实际上在济州岛、全罗道、江原道、京畿道的杨平等地都有在温室内栽种咖啡树。

咖啡树喜欢15~20℃左右的气温，这样的气温中光合作用最强，也最容易结果，而赤道附近的高原正是这种环境。气温为17~18℃最为适宜，昼夜温差大且密度高，病虫害较少，咖啡因含量

不高且含有丰富的脂肪，所以在赤道地区的高原能生产出最高品质的生豆。

在火山灰土壤中孕育的香气四溢的咖啡

——

想要种出好的咖啡，就需要有好的土壤。含有丰富养分的火山灰土壤（Terra Rosa）就是最具有代表性的，不仅水分容易排出，含有许多优质的养分，还带有火山灰的香气，最适合栽种出香味迷人的咖啡。另外，咖啡树的树龄也是决定能否结出优质生豆的条件，长势好的咖啡树大约从第三年开始可以采收，直到第20年寿命结束为止。由于3年树龄的咖啡树还小，收获量不多，树龄在7~10年的咖啡树才可以结出好的果实。

生豆烘炒之后就是咖啡豆

——

在咖啡专卖店内的手冲咖啡菜单上经常能看到"埃塞俄比亚耶加雪菲""哥伦比亚苏帕摩"等咖啡名。这是指产地和品种，意味着产地名和生豆的名称。生豆是咖啡树果实的种子在未经烘炒的状态下，散发出青草、水果、蔬菜的香气，颜色为绿色或黄色，含有丰富的水分。用手摸起来像是坚硬的豆子，这个状态还不是咖啡豆所以没有任何咖啡香气。将生豆加热烘炒后，才会成为我们所期待的带有香气的咖啡原料。

生豆烘炒之后就是咖啡豆

将生豆加热烘炒后，就成了我们所熟
悉的散发着迷人香气的咖啡豆。烘炒
生豆时，其中碳水化合物的成分改
变，会产生焦糖般香甜的味道与香气。

当生豆中的水分几乎完全蒸发后，只有内部产生化学变化，咖啡原本的香气才会散发出来。生豆里面的糖分改变时，就会产生焦糖般的甜味和香气。并且形态会变成用手就可以捏碎、有许多孔的蜂巢结构，方便进行研磨或萃取咖啡成分。

加工方法不同，生豆的味道也会不同

———

正如用不同的方法给稻谷脱粒，煮出的米饭味道会不同一般，咖啡也是如此。根据不同的咖啡豆脱壳与晾晒方法，味道和香气的差异也会随之而产生。

将咖啡豆直接铺开晾干的自然干燥法

就像我们把水果中的果核去除需要操作流程一样，为了取出咖啡果实（Coffee Cherry）中的种子，也需要加工过程。最简单的方法就是自然干燥法，也称为日晒法（Natural），在咖啡果实收获后，放在露台（Patio）上均匀的铺开晾干的方式。咖啡的果实含有很多水分，放置太久

用日晒法加工
的咖啡豆

用水洗法加工
的咖啡豆

用日晒法加工的生豆，经过
烘焙之后，中央线呈褐色

的话，背阴的一面就会发霉或腐烂，所以要经常翻动。 由于大约每隔20分钟就要翻动一次，所以需要很大劳力。在阳光下晒干后果实和种子会黏在一起保持干燥状态，之后通过脱壳将外皮去掉。

干燥法中还有半日晒法（Pulped Natural）的方式。这是去除咖啡果实的果皮和果肉后，将带着酸甜果胶的果实进行日晒干燥的方法。相比起连同果肉一起晒干的方法，半日晒法更容易干燥，糖度高的咖啡果实既能保留住甜味，又可以不使用水，是一个减少污染的好方法。

将生豆水洗后干燥的湿加工法

水洗法（Washed）是将咖啡果实的果皮剥掉，并去除种子外附着的果肉，在水中浸泡约12小时进行发酵后，再用强劲的水流清洗后进行干燥的方式。发酵时释放出的酸味，会加强咖啡中清爽的酸味，且果实的糖度不会改变原有的风味，所以常作为加工高级咖啡豆的方式。但是，在去除果肉的过程和进行加工时，需要大量用水，会造成环境污染，因此最近人们也会通过水循环再利用的环保方式进行加工。

还有一种完善了水洗法的加工方法，称为半水洗法（Semi-Washed）。省略了水洗法中的发酵过程，是将咖啡果实去除果肉后，直接用水冲洗后进行干燥的方法。虽然省略了发酵过程，可以节约时间和劳动力，但缺点是咖啡豆没有了清爽的酸味，并且降低了果肉的甜味或天然的香气。

用水洗法加工的生豆，经过
烘焙之后，糖分被冲洗掉，
与自然干燥的咖啡豆不同，
中央线呈黄色

加工方式推荐

——

日晒法、水洗法、半水洗法、半日晒法中，以哪种方式加工的咖啡豆最为美味呢？大家通常会认为是日晒法，虽然它有很强大的优点，但不同的生豆味道偏差也较大，而且生豆的味道也会随着包装的不同而产生差异。简单来说，同一箱苹果或橘子里面的水果味道也是各不相同的。不同生豆的味道偏差较大，也许某一年较甜、某一年较酸、某一年味道较为寡淡，甚至同一年产的咖啡豆，味道也会有很大偏差。所以能保持咖啡的味道，在发酵过程中拥有清爽酸味的水洗法，算是高级的加工法。我们在饮用高品质的咖

通过日晒法加工的生豆
与烘焙后的咖啡豆

通过水洗法加工的生豆
与烘焙后的咖啡豆

啡时，会品尝到酸味的最大原因，就是在水洗法加工时，通过在发酵过程中增加了令人愉悦的酸味。那么日晒法就是不好的加工法吗？并不是这样的，在收成好的年度，通过日晒法加工后咖啡豆拥有的天然香气是无法用语言形容的美好。最近为了减少不同生豆味道的偏差，会使用榨葡萄汁一样的加工方法，将咖啡果实捣碎，去除果肉，使其拥有相似味道。这种方法称为蜜处理法（Honey Process），它的魅力在于加工出的生豆酸味小，但甜味强烈。

2
认识咖啡豆

什么是咖啡豆呢？

———

咖啡的原料咖啡豆，是将咖啡树果实的种子干燥后，再经过烘焙而得，呈栗色或黑色。根据不同的烘焙程度，咖啡豆的味道也会有天壤之别。如果是泛着土黄色光泽的浅栗色咖啡豆，带有酸味与香味，能感受到生豆自身的味道。如果再稍加烘炒至深栗色，会产生强烈的甜味，就是我们经常饮用的咖啡味道。不同的烘焙程度、生产地区、品种等，会产生完全不同的味道，所以要注意和仔细查看咖啡豆的烘焙与品种。

挑选美味咖啡豆的诀窍

———

偶尔会有人问"什么样的咖啡豆好喝呢？"但对于什么是好的咖啡豆或是美味的咖啡，即使是在不断研究和学习咖啡的我，也很难给出准确的答案，因为每个人对于"好喝"的定义都存在很大差异。这是我刚成为咖啡师不久时发生的事情，一位点了美式咖啡的客人对我称赞道："咖啡真的很好喝，这是迄今为止我喝过的咖啡中最好喝的一杯。"再看那位客人的咖啡杯，里面的咖啡被一滴也不剩地喝光了。稍后有其他客人也点了美式咖啡，我怀着"再泡一杯最好的咖啡"这样的心情萃取了美式咖啡，但是那位客人把咖啡放在嘴边喝了一口就拿开了，然后放下咖啡杯，用"就给我喝这种东西吗"的眼神看了我一眼，然后转身就走了。我真的受到很大的打击，怎么可以在短短30分钟内，一位客人对我做的咖啡赞赏有加，另一位客人却连第二口都不愿喝呢？同一天、同样的咖啡豆、同样的配方萃取的咖啡，味道怎么会出现如此大的差异呢？经过斟酌后，我觉得是因为两位客人的口味不同。所以如果想喝到美味的咖啡，首先要了解自己的口味。如果知道自己喜欢的是酸味、甜味、苦味中的哪种味道，是喜欢口感柔顺的咖啡，或者是喜欢强烈的风味，那么就更容易找到符合自己口味的咖啡。

成为优质咖啡豆的条件

——

第一，咖啡豆要新鲜。将咖啡豆放在20~25℃的常温环境下1个月左右，50%的香气就会消失；研磨过的咖啡豆只要过了5分钟，50%的香气就会消失。如果想要品尝最美味的咖啡，需要以咖啡豆的形式保存，并且在一周内饮用才最能享受到咖啡的原始风味。因此，要想选择优质的咖啡豆，必须确认烘焙的时间。

相同咖啡师制作的咖啡，味道也会不同？
如果在准备咖啡师资格考试的话，最基本的练习就是用25秒制作出一杯意式浓缩。原因是不同的萃取时间，相同的咖啡豆味道也会不同。如果在10秒内完成萃取的话味道会有些许不足；但用1分钟左右时间萃取，咖啡的味道就会像树根一样苦涩。并不是所有的咖啡都要用25秒来萃取，如果是深度烘焙的咖啡豆，可以在更短的时间内萃取，反之，如果是浅度烘焙的咖啡豆，萃取的时间就要再长些。

美味的咖啡与新鲜度的关系

就像我们吃的食物都有保质期一样，咖啡的原材
料咖啡豆也同样有期限。因此在购买咖啡豆时，
一定要注意确认烘焙的日期。购买新鲜的咖啡豆
后，要尽快食用，才可以享受到咖啡的风味。

第二，咖啡豆的表面要均匀一致。像其他谷物或水果一样，好咖啡豆的特点是颗粒饱满且均匀一致。当然，有些品种中也有咖啡豆品质好但体积较小的情况，但是一般来说，颗粒大且均匀一致的豆子是好豆的可能性较大。此外，整体颜色均匀的豆子比较好。

第三，不管怎么样，都要有好的香气。直接闻味道的话，新鲜的咖啡豆会散发出浓郁的香味和甜味等多种多样的复合型芬芳香气。

咖啡豆的保存秘诀

———

无论是在家自行烘焙的人，还是在咖啡专卖店内购买烘焙过的咖啡豆的人，都要将咖啡豆好好保存，这样才能享受到新鲜而香气迷人的咖啡。

第一，请使用咖啡豆专用袋保存。

将咖啡豆放入贴有像圆形纽扣一样形状的排气阀（Aroma valve）或单向排气阀（One-way valve）的专用保存袋，且专用保存袋材质使用的是金属或有纸张涂层，看不到内部，这样才最为安全。专用保存袋带有密封条，取出咖啡豆后，要最大限度地挤出袋内的空气，再密封好袋子。

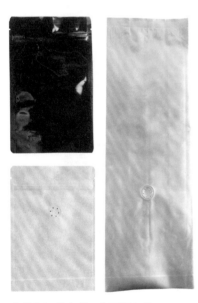

有排气阀的咖啡豆专用保存袋

第二，最好使用玻璃或金属材质的密封容器。

用于保存咖啡豆的密封容器，最好选用看不到内部，有涂色或深色玻璃、金属材质，因为隔绝外部空气，咖啡豆的香气才不会流失。如果容器尺寸远大于咖啡豆的量，即使是密封容器，由于内部有太多氧气，也会导致咖啡豆酸腐，所以最好选用适当尺寸。

第三，请将咖啡豆放置在阴凉处。

咖啡豆在常温下可保存一个月，如果将温度降低至10℃左右，保存时间会增加2~3倍。如果可以在20℃下保存1个月的话，那么在10℃下可以保存2个月，0℃左右则可以保存约4个月。冰箱冷藏室的平均温度为4℃左右，将咖啡豆放入冷藏室的话，则可以保存3~4个月。但是，如果咖啡豆没有密封好，豆子可能会吸附冷藏室里食物的味道。

萃取方法不同，咖啡粉颗粒大小也不同

—

咖啡粉的颗粒粗细对咖啡的味道有什么影响呢？即使是相同量的咖啡粉，颗粒越细，与水的接触面就越大，更能把咖啡中的各种成分萃取出来。但是，细碎的咖啡粉与水接触的面积太多，所以水分排出的速度慢，咖啡成分中不好的味道也可能会一起萃取出来。因此，细的咖啡粉适合用高温、高压的意式浓缩方式快速萃取，颗粒较粗糙的咖啡粉与水的接触面相对较少，通过水的速度较快，适合用法式滤压壶的浸出方式。

咖啡粉的粗细
以萃取工具来选择咖啡研磨的程度。准备好研磨机（Grinder），根据自身使用的萃取工具决定研磨的粗细是最好的。

颗粒粗细	味道特征	强调的味道	适用萃取工具
粗	略微平淡	酸味	法式滤压壶
中等	柔顺	苦味中带点酸味	手冲滤滴 冰滴咖啡壶 美式咖啡机
细	细腻	酸味中带点苦味	摩卡壶 虹吸壶 意式咖啡机
极细	浓郁	苦味	土耳其铜壶 意式咖啡机

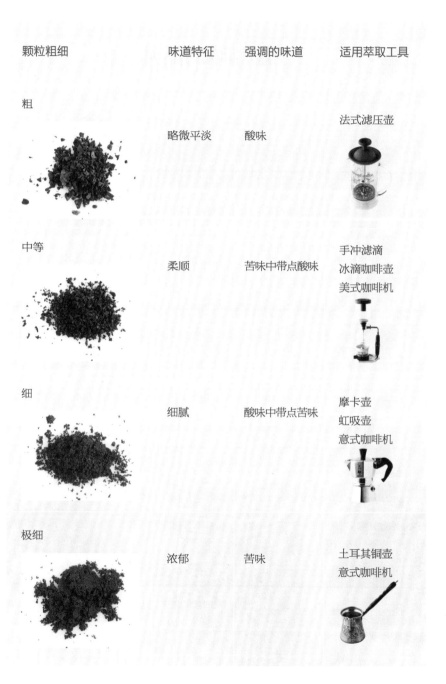

3
了解咖啡的品种

三大咖啡品种

—

咖啡的品种用生物学来划分，可分为阿拉比卡（Arabica）、罗布斯塔（Robusta）、利比利卡（Liberica）三种。我们主要饮用的品种是阿拉比卡和罗布斯塔，利比利卡由于产量不高，而且品质不好，常被排除在外。

一般来说，阿拉比卡主要用在咖啡专卖店，而罗布斯塔则用作速溶咖啡的材料。虽然可以粗浅地理解为阿拉比卡咖啡为"高级咖啡"，罗布斯塔咖啡为"低档次咖啡"，但也并非一定要如此分类，根据对味道的喜好来区分比较恰当。从取向角度来看，美国和日本人大部分喜欢用阿拉比卡冲泡的淡咖啡，而欧洲人则喜欢阿拉比卡与罗布斯塔混合做出的意式咖啡类的浓郁咖啡。

获得高级咖啡豆认证的阿拉比卡

—

阿拉比卡是原产地埃塞俄比亚的代表性品种，在南非、非洲、亚洲国家也有生产，占全世界咖啡产量的70%~75%。阿拉比卡品种对病虫害抵抗力弱，对土壤敏感，易受气温影响，适合在恒温地区生长，因此适宜在高山地带栽培，特别是在海拔1500米以上的高地生产的阿拉比卡咖啡豆品质最高。像这样费力产生的高品质，具有均衡的味道与香气，才能被视为高级咖啡豆，主要用于单品咖啡和精品咖啡。世界三大知名咖啡豆：夏威夷科纳、牙买加蓝山、也门摩卡，都属于阿拉比卡品种。

　　阿拉比卡生豆形状细长，呈深绿色。高山地带生产的阿拉比卡品种为评为最高级别，其特点是拥有甜味、酸味、醇香等丰富的味道。

阿拉比卡生豆形状细长，呈深绿色，烘焙后
拥有甜味、酸味、醇香等丰富的味道

无论在哪都有顽强生存力的罗布斯塔

———

罗布斯塔品种的原产地是非洲刚果，占全世界咖啡产量的30%左右。罗布斯塔（Robusta）一词有着"坚韧"的意思，在现实中，此品种的特点是不仅对病虫害抵抗力强，在任何土壤中都能生存，在野生状态下也可以很好生长。优点是在高温地区也可以生长，且成长速度快，容易栽培，价格低廉，主要用作配豆或速溶咖啡的主要原料。印度、非洲、巴西等部分地区生产的罗布斯塔苦味较重，咖啡因含量较高，口感较为浓郁。最近还出现了味道与香气出众，与阿拉比卡品种杂交的阿拉布斯塔（Arabusta）品种。

罗布斯塔生豆为鼓鼓的椭圆形状，呈泛着草绿色和黄色光泽的浅褐色或黄褐色。与阿拉比卡品种相比，它的特点是更香且偏淡，酸味小，苦味更重。

罗布斯塔生豆为椭圆形状，呈浅褐色，
烘焙后有浓郁香气

阿拉比卡

原产地 埃塞俄比亚

生产国 埃塞俄比亚、巴西、哥伦比亚、哥斯达黎加

生产量 全球咖啡总产量的70%~80%

气温与湿度 15~24℃、60%

高度 海拔600~2000米高地

形状 细长椭圆形、青绿色

特点 对气候、土壤、病虫害敏感

咖啡因含量 0.8%~1.4%

香味 丰富的香气与高级的酸味

代表性饮用法 滴滤式咖啡、意式浓缩咖啡

罗布斯塔

原产地 非洲刚果

生产国 越南、印度尼西亚、印度

生产量 全球咖啡总产量的30%左右

气温与湿度 24~30℃、70%~75%

高度 海拔200~800米低地

形状 圆且长度较短的椭圆形

特点 对病虫害抵抗力强、容易栽培

咖啡因含量 1.7%~4.0%

香味 浓郁香气与强烈苦味

代表性饮用法 意式浓缩咖啡、速溶咖啡

4
著名产地咖啡的特征

牙买加蓝山
Jamaica Blue Mountain

—

位于美国正南方、加勒比海上的岛国牙买加，东部蓝山地区海拔1100米以上生产的品种，是世界上最高地带栽培的咖啡。凉爽的气候与频繁的大雾，丰富的降雨量，加上透水性良好的土壤，拥有完美的咖啡栽种环境，因此能生产出顶级的咖啡豆。由于受到包括英国伊丽莎白女王在内的皇室成员的喜爱，也有"皇室咖啡"之称。咖啡的浓郁香气中带有丝丝润滑，甜味、苦味、酸味相融合，整体味道极佳，相比起咖啡爱好者，更受一般人喜爱。

夏威夷科纳
Hawaiian Kona

—

夏威夷州是美国唯一可以栽种咖啡的地区，由8个大岛及其他小岛构成，夏威夷科纳就是在最大的夏威夷岛西部科纳地区栽种的品种。夏威夷科纳是通过人工将咖啡豆一一摘下，再用水洗法加工生产。因有规律的降雨和排水良好的火山灰土壤，适宜的气温，虽然在相对较低的高度栽种，却有着与高地带生产的咖啡一样的高品质。干净的颗粒带有甜味及柑橘类的清爽酸味，散发着葡萄酒般的香气，是广受喜爱的咖啡品种。但是对于喜欢浓郁和丰富味道的人来说，可能会觉得有些清淡。最好的等级是科纳特优豆（Kona Extra Fancy），下一个等级则是科纳特级豆（Kona Fancy）。

也门摩卡玛塔莉
Yemen Mocha Mattari

———

世界上最早种植咖啡树的也门首都萨那（Sana'a），位于西部的巴尼玛塔尔（Bani Mattar）地区生产的咖啡品种味道浓郁。在世界三大咖啡中，价格最为低廉。生豆呈黄色，外观特点是较小、圆形且较丑。生豆的加工水平也不太成熟，所以烘焙后的颜色不够均匀，但是与其外观不同，具有丰富的黑巧克力香与苦味，以及清爽的水果香完美地融合在一起，特别是满足了味蕾的绝佳口感。另外此品种也因为受梵高喜爱而闻名。

哥伦比亚苏帕摩
Colombia Supremo

—

哥伦比亚的咖啡产量占全世界的20%，但生产的
生豆大部分都是最高级别，被称为"温和咖啡的
代名词"。再加上临近最大的消费国-美国，在
纽约期货市场上，哥伦比亚咖啡被高度评价为
"Colombia Mild"。以安第斯山脉为中心生产
的优秀等级品种，Screen（计算生豆大小的等
级）17以上的为"特级（Supremo）"，17以下的
为极品（"Excelso"）。生豆呈深绿色，不同的收获日
期会产生不同的味道。虽然是高级咖啡，但价格低廉，再加上甜味和
酸味的搭配，适合推荐给刚开始接触咖啡的人。

巴西桑托斯
Brasil Santos

—

巴西咖啡的产量约占全世界咖啡的产量的
三分之一，是所有人都喜欢喝的温和风味，价
格也相对较为低廉。由于生豆通过桑托斯港出
口，所以巴西咖啡也被称为桑托斯，港口附近
也有很多咖啡仓库。生豆泛黄色光泽，瑕疵豆
（品质不好的豆子）较多。因为有浓厚的甜味和香
气，是任何人都可以接受的品种，所以在配豆的时候
常作为基底豆使用。但由于是通过日晒法生产，可能会略有些霉味。

肯尼亚 AA
Kenya AA

—

在维多利亚湖、肯尼亚山周边栽种的品种，名字中的"AA"表示咖啡的等级。第一次世界大战后正式开始生产，生豆的大小用AA，风味则用Excellent来区分。生豆长度较短，两边稍圆，特点是味道清爽，酸味较强且口感均衡。

埃塞俄比亚耶加雪菲
Ethiopia Yirgacheffe

—

埃塞俄比亚不仅是咖啡的原产地，而且对咖啡的消费也比较多。通过水洗法加工的耶加雪菲常用来做成精品咖啡。高品质天然的咖啡耶加雪菲有让人联想到水蜜桃般的香气，其柔和的味道深受韩国女性的喜爱。进行浅烘焙的话虽然更能展现多样的香气，但因为酸味强烈，讨厌酸味的人可能会感到反感。不过经过适当烘焙的耶加雪菲，有着能让大部分女性着迷的味道，所以也有"咖啡女王""咖啡贵夫人"之称。生豆是细长的形状，以带有葡萄酒香、花香中和烤红薯香味而闻名。

坦桑尼亚 AA
Tanzania AA

——

坦桑尼亚是非洲具有代表性的咖啡，根据生豆的大小和重量来区分等级，以此来保障稳定的品质，名字上的"AA"是指咖啡的等级。生豆呈青绿色，整体风味均衡，特点是酸味较小。

哥斯达黎加塔拉珠
Costa Rica Tarrazu

在有着优秀气候条件的活火山地区的热带雨林生产的品种，水分含量较高。塔拉珠的香气丰富，厚重的味道中带些微酸，就像在喝葡萄酒或果汁一般，能感受到其独特的风味，是咖啡爱好者们喜好的咖啡。其特点是融合了酸味、香味与葡萄酒香。

被称为"神之咖啡"的瑰夏咖啡（Geisha，又称艺妓咖啡）
近期才出现的瑰夏咖啡（Geisha）人气急速上升，瑰夏是埃塞俄比亚森林的名字，也是瑰夏咖啡树的最初发现地。瑰夏咖啡与我们迄今为止喝到的咖啡不同，其特点是散发着特有的花香，就像喝的果汁一样，散发出清新甜美的味道。最近市场上流通的瑰夏咖啡是在巴拿马山间偶然发现，随着不断的传播而变得闻名，被称为"神之咖啡"。其超高的人气使生豆的价格也以1千克基准售价为1088~2721元人民币，即使这样也因为量少而不够销售。

危地马拉安提瓜
Guatemala Antigua
—

此咖啡品种的代名词是有着如同烟熏般的香气。在海拔较高的安提瓜地区生产的生豆，拥有清澈的酸味和清新的口感。

印度尼西亚曼特宁
Indonesia Mandheling
—

世界上最贵的咖啡豆——麝香猫咖啡，产地为印度尼西亚，是亚洲的岛屿国家，由超过1万个岛屿组成。曼特宁品种的咖啡含在口中，有着丝绒或奶油一般的顺滑感。咖啡较为温和，可以感受到复合的香气。

与麝香猫咖啡相似的松鼠屎咖啡

Con Soc Coffee也称为松鼠屎咖啡，是越南的特产，将高地收获的咖啡果实喂给松鼠吃，再从松鼠的排泄物种挑选出没有消化的种子所制成。其咖啡特色是有着可可香气，在越南非常珍贵。相比起麝香猫咖啡，更容易购买且价格较为低廉。如果好奇从动物排泄物中采集的咖啡味道，可以品尝一下。

麝香猫咖啡

　　如果提到世界上"最贵的咖啡"，一定会联想到印度尼西亚最具代表性的咖啡麝香猫咖啡（Kopi Luwak）。由于价格昂贵且稀少，不容易购买到，因为这样的名声，也常常在电影中出现。"Luwak"是指栖息在印度尼西亚的麝香猫，据说在收获咖啡豆的时期，它们会爬上咖啡树寻找成熟的咖啡果实吃，无法消化的咖啡果实再随着粪便排出。白天躲在山上睡觉的麝香猫，到了晚上吃掉咖啡果实，在凌晨排泄过后，又重回到了自己的窝。因为麝香猫有在固定位置排泄的习惯，所以每天清晨去收集的话，几乎都可以获得一定量的麝香猫咖啡豆。麝香猫和麝香鹿一样，身体能分泌麝香成分，这种成分能使咖啡的味道和性质发生改变。麝香猫咖啡生豆经过浅烘会有发酵后的酸味，深度烘焙再萃取的浓一点的话，会从好喝的苦味慢慢变为柔顺的甜味。其特点是会长时间保持像焦糖、巧克力一样的迷人香气。

　　1千克价格为2721~5443元人民币的麝香猫咖啡豆可以萃取出100杯左右的咖啡，这种咖啡豆的价格可以算是"漫天要价"的程度了。印度尼西

亚人的年平均收入约为2721元人民币，如果获得麝香猫咖啡，就相当于发现了巨大的金矿。所以最近通过饲养得到麝香猫咖啡的人越来越多。但想要抓到大的麝香猫并不容易，即使抓到了也因其生性凶猛，最终抵挡不住天性，过不了多久就会死亡。于是有人抓住幼猫，通过喂咖啡果实来饲养。不管怎样，由于饲养的麝香猫受到很大的压力，咖啡的风味反而会降低。另外，根据麝香猫吃的不同种类的咖啡豆，也会产生很多不同种类的麝香猫咖啡。

　　因为高价的原因，假货也很多。印度尼西亚咖啡专家表示，即使是国家认证的产品，也很难保证就是真的麝香猫咖啡。最近麝香猫咖啡豆还与其他品种的咖啡豆混合在一起，价格较为低廉。

special lecture 3 | 特讲3

只属于我的
咖啡配方

　　世界各国生产的咖啡，味道和香气会因为不同的地区而有很大的差异。将不同味道、香气以及不同产地、不同个性的咖啡混合，创造出新的味道和风格，这就是配豆。配豆一般会选择一个重点来混合味道、香气、口感。味道上从甜味、酸味、苦味的咖啡中，选出喜好的味道进行适当的混合；香气上从饮用前嗅到的咖啡香气、喝到口中的咖啡香气、喝下之后在萦绕在喉中的余香中选出喜好的香气；口感上就是将咖啡喝进嘴里感受到的丰富感觉，集中一个焦点来搭配。

　　通过配豆，可以强调咖啡的味道与香气，制作出符合自己取向的"专属咖啡"。首先在配豆之前，需要知道全世界各个品种的咖啡都有怎样的味道。各大洲的咖啡豆都有不同的特点，中南美洲的咖啡豆有着温和的味道与均衡的香气；非洲的咖啡豆清新中带有美好的花香；亚洲的咖啡豆有着厚重感，了解这些之

后，就可以搭配出不错的配豆。从各大洲分别选择一种混合，也可能会诞生出不错的咖啡。选择2~3个品种混合搭配，再取一个专属的名字，无论是自己饮用还是作为礼物都是个不错的选择。

配豆方式中，最具代表性的就是"先烘再配"或"先配再烘"。配豆也会随着不同的原豆烘炒方式而不同，因为各有优缺点，所以很难说明哪个方式更好，但是在味道上先烘再配好一点，在管理上先配再烘更方便。

咖啡配豆方法

配豆的时候，最重要的就是要选择符合自身口味的生豆。如果喜欢酸味的话，埃塞俄比亚耶加雪菲、肯尼亚AA、坦桑尼亚混合的咖啡豆较为适合，如果想要强调浓郁厚重的口感，可以搭配罗布斯塔的生豆混合。

先烘焙，再混合配豆

将各类品种的生豆分别进行烘焙后，根据咖啡饮品和口味等，按照一定比例混合。将烘焙好的豆子按照固定比例放入有刻度标识的桶里，用手把豆子搅混，进行少量配豆，或使用带有搅拌机功能的配豆机器，大量混合出一批咖啡豆。其优点是能以最适合各品种的方式进行烘焙，可以期待咖啡的最佳味道。缺点是分别烘焙时，为了保持混合后的味道，需要严格的品质管理。

烘焙前，先混合配好的生豆

将各品种的生豆先混合，再烘焙。烘炒的时候各品种的咖啡香味会混在一起，会降低每个单独品种的香味特征，增强整体的香气。其优点是可以将生豆一次烘焙，过程简单容易操作。但是，缺点是无法保留住生豆各自原本的特色。

推荐的配豆配方

咖啡配豆没有指定的配方，虽然可以根据个人口味将原豆或生豆混合，但是要掌握不同类别生豆（或咖啡豆）的香味特性，才能正确地搭配。一般主要混合2~5个品种，初级者混合3个品种以下的成功概率较高，并将想要强调味道的生豆（或咖啡豆）添加30%以上最佳。代表性的配豆方法：如果你喜欢清爽的酸味，可以加入哥伦比亚Excelso、墨西哥、巴西产桑托斯和也门摩卡混合；如果想要甜甜的味道，可以将巴西桑托斯和哥伦比亚Excelso、印度尼西亚爪哇等混合在一起。

使咖啡与众不同的辅料

水

——

咖啡中98%~99%都是水。即使咖啡豆能左右咖啡的味道，也不能忽视占了98%的水的影响。水大致分为硬水和软水，硬水是指钙、镁、铁、锰等混合的水，软水是指矿物质成分较少的水。用含有大量矿物质的硬水来萃取咖啡的话，其中的钙和镁会破坏咖啡的香气和味道，铁和锰则会影响咖啡的色泽与气味，还会阻碍咖啡因或单宁的萃取，使咖啡味道变差。用软水萃取咖啡，优点是可以增强咖啡的甜味。自来水中含有软水中的氯成分，可能会产生不好的味道，但将水煮沸使氯成分蒸发掉，就可以不做其他处理，直接使用。如果使用冰滴咖啡壶的话，建议提前一天接好自来水，静置一天后再使用。

砂糖与糖浆

——

早期的咖啡是不加砂糖或糖浆而直接饮用的。后来为了减少苦味，增加可以缓解疲劳的甜味，开始加入砂糖。糖是用甜菜、甘蔗等精制而成，根据不同的精制方法会产生不同的形态，在精制的过程中分为白砂糖、黑砂糖，还有将白砂糖压缩成四方形的方糖。白糖有助于提高咖啡的风味，因此，搭配适合的砂糖的种类与特点，就可以享受到更加美味

的咖啡。白砂糖无杂味，黑砂糖和黄砂糖能够平衡酸味，使咖啡更醇香。所以拥有花香和柔顺口感的蓝山或耶加雪菲这类咖啡，适合用糖分纯度高的白砂糖；巴西桑托斯咖啡或浓缩咖啡，适合用黄砂糖或黑糖。也可以将砂糖和水一起熬成糖浆来使用，也有用增加香草或焦糖香气的香草糖浆和焦糖糖浆等。

牛奶

———

清晨喝咖啡时，虽然咖啡的酸味和苦味有助于赶走睡意，但酸味也可能会让人觉得不适。这时加入牛奶喝的话，可以减少酸味，品尝到顺滑的香味。虽然可以直接加入牛奶，但如果将其加热至温热或打成像奶油一样的绵密泡沫，再加入咖啡中，甜味会更加浓郁。使用低脂牛奶的话，香味程度会降低。做拉花时，最好使用含有3.5%乳脂的全脂牛奶。速溶咖啡中，会用奶精来代替牛奶。

奶油

既香又顺滑，且带些甜味的奶油中，有从牛奶里提炼出来的动物性鲜奶油，以及类似椰子油的植物性脂肪固体化的植物性奶油。动物性鲜奶油的口感虽然比较柔和，但其缺点是保质期短；植物性奶油虽然口感较差，但因为保质期长，所以方便使用。由于鲜奶油含有的脂肪较高，最近很多咖啡店只有在客人特别要求时才会添加。

肉桂粉

咖啡饮品中也会加入香料，其中代表性的就是肉桂粉（桂皮粉）。主要会撒在卡布奇诺的奶泡或维也纳咖啡打发的鲜奶油上。

巧克力酱

在可可树果实萃取后发酵得到的可可中，加入黄油、砂糖、乳制品等制成的巧克力酱，经常被用在咖啡饮品中。例如巧克力酱和咖啡、牛奶混合制作的咖啡摩卡、摩卡星冰乐等饮品。

决定咖啡味道的烘焙

PROASTER

什么是烘焙？

———

生豆经过烘焙后，才会散发出咖啡的味道与香气，这个过程称为烘焙或焙煎。加热生豆会使组织膨胀并发生化学变化，从而产生味道与香气。即使生豆的种类和分量相同，也会因为烘焙的时间、温度、天气变化，使得咖啡豆的味道出现多样的变化，所以这个过程非常重要。烘焙是将生豆在200℃左右烘炒10~20分钟，这时水分和二氧化碳成分会被排出。烘焙的程度可以根据咖啡豆烘焙后的颜色来区分。

咖啡烘焙机的构造

在使用咖啡烘焙机前，请先了解一下各部分的功能与使用方法。虽然每个制造商的设计都不一样，但内部结构基本相似。咖啡烘焙机由中心位置盛承装生豆烘炒的滚筒，下面加热的加热器，以及均匀传达热气的搅拌器所构成。大容量的烘焙机有调节氧气量的风门，以及烘焙后冷却烘炒过的咖啡豆的冷却器。总的来说是由加热器、搅拌器、空气调节器、冷却器四个部分构成。

下豆槽（Hopper）

风门（Damper）

滚筒

热风温度计

滚筒温度计

时间标示

电源与计时器

燃气压力表

燃气控制钮

下方风门控制器

银皮收集筒

下豆槽开关（Hopper gate）

取样匙（Sampler）

熟豆下豆手柄

冷却器

下豆槽

盛装要放入机器烘焙生豆的空间。

滚筒

通过储豆槽放入的生豆，移动到滚筒，再随着滚筒的转动，均匀烘炒生豆。

取样匙

在烘焙时，用于取出几颗滚筒内逐渐变化的咖啡豆来确认时的工具，通过确认窗也可以观察生豆的颜色变化。

温度计

温度计用来测量滚筒的内部温度。

银皮收集筒

烘焙生豆时，用来收集附在生豆上的银皮或灰尘的装置。通过风管吹出空气，使银皮或灰尘掉落并堆积。

下方风门控制器

烘炒生豆时，调节内部空气流动，并调节香气与氧化程度的装置。这个装置对香味有很大的影响，需要精密的操作能力。

燃气压力表

用于调节火力的装置，可以进行细微的调节。压力越大火力就越强。

熟豆下豆手柄

完成烘焙后，要打开盖子取出滚筒中的咖啡豆，拉一下手柄就可以了。

冷却器

烘焙结束后，即使将咖啡豆从滚筒中取出，也会因其自身的温度继续进行烘焙，所以要迅速冷却，这时冷却器下方的冷却盘就有吸热的功能。

生豆经过烘焙的变化

通过烘焙生豆会经历各种变化，其中代表性的有颜色、香气、味道变化，不仅如此，大小、重量、硬度（坚硬程度）也会改变。

观察生豆的变化，有如下阶段：加热生豆使水分蒸发→随着温度升高，生豆本身的糖分发生褐变，变为褐色→逐渐变成越来越深的深褐色→散发出香味或者巧克力、焦糖香。经过以上阶段，生豆的颜色会变黑，并且产生有刺激性的烟熏香味。

生豆变为熟豆过程中的爆裂声

在烘焙生豆时，最具代表性的现象就是爆裂（Crack）的阶段。爆裂是指生豆的水分几乎完全蒸发的时候，发出的噼里啪啦的爆裂声音，也称为Popping。生豆内部变为蜂窝结构时，大概就是豆子的第二次爆裂。

第一次爆裂是生豆中的水分穿透组织的声音，第一次爆裂结束后，就会出现第二次爆裂。在这个阶段，生豆内部的二氧化碳开始膨胀。我们喝的咖啡就是用经过第二次爆裂后的咖啡豆萃取的，根据不同的情况，也会在第二次爆裂之前就结束烘焙。

一般情况下，未经第二次爆裂的咖啡豆会较生或含有强烈的酸味；在第二次爆裂后，生豆的水分几乎完全蒸发，因为热量使温度急速上升，所以在烘焙时一不留神就会烧焦，需要多加注意。在第二次爆裂出现的时点，咖啡豆表面会产生油脂，就像星巴克用的咖啡豆一样渗出油脂。

烘焙过程

1. 挑出生豆中混入的瑕疵豆与异物。正常的生豆中如果混合进瑕疵豆的话，香味会变差，而且品质也会下降。

2. 瑕疵豆的模样。

3. 打开烘焙机的开关并点火。

4. 调节燃气压力计设定火力。

5. 将生豆放进下豆槽。

6. 加热滚筒，当达到适当的烘焙温度时，打开下豆槽挡板放入生豆。

7. 在风门稍稍锁住的状态下开始，当爆裂进行时再一点点打开。

8. 生豆进入滚筒时，温度会先急剧下降，再重新开始上升。

9. 当滚筒温度达到140℃时，生豆的颜色开始呈淡黄色。在第一次爆裂的阶段开始发出爆裂声，从这时开始，温度会迅速上升，要减小火力并打开风门。

10. 持续进行烘焙，很快第二次爆裂便会开始。打开风门使排气畅通，才能做出带有美好香味的咖啡。如果烘焙进行的速度变快，就要调节燃气压力计，将火力设定小一点。

11. 烘焙到想要的程度时，打开搅拌器的开关，确认烘焙的程度后关火。

12. 烘焙结束后，立刻拉动下豆操纵杆，打开出豆口，取出豆子。

13. 迅速打开冷却机，在冷却桶中充分冷却。

14. 炒过的咖啡豆直接放着不动的话，会因为内部的温度烤焦，所以要尽快冷却。

15. 最终取出烘焙过的咖啡豆。

16. 清除银皮收集筒里积攒的银皮与灰尘。

烘焙的八个阶段

即使不用自己烘焙生豆，了解咖啡豆在不同烘焙阶段的特点，也能掌握自己喜欢的咖啡味道是属于哪个阶段，这样更容易找到适合自己口味的咖啡。

以下是日本使用的烘焙八个阶段，在韩国大部分也都是按照这八个阶段进行烘焙。我们常说的浅烘焙、深烘焙等并不是精确的区分，请准确了解咖啡豆在各烘焙阶段的状态后，再进行烘焙。

阶段　　　　　　　　　　　　　　　　　　　　　咖啡豆的颜色

第一阶段 浅烘焙（Light Roast）
烘焙阶段中最弱的烘焙，咖啡豆的表面呈黄色
或褐色，带强烈的酸味，不能感受到咖啡特有
的味道与苦味。

第二阶段 肉桂烘焙（Cinnamon Roast）
浅焙煎。浅度烘焙使咖啡豆的表面呈淡褐色，
同样具有强烈的酸味，相比起饮用，是作为测
试用的阶段。

第三阶段 微中烘焙（Medium Roast）
中焙煎。水分蒸发开始进入烘焙阶段。咖啡豆
呈栗色，可以感受到柔和的酸味。

第四阶段 中度微深烘焙（High Roast）
较强的中焙煎。以中等的烘焙程度将咖啡豆炒
为深褐色，酸味开始变淡，甜味出现，能感受
到酸味与苦味的融合。

第五阶段 城市烘焙（City Roast）
较弱的强焙煎。咖啡豆呈巧克力色，清爽的酸
味消失，香味变浓。不易出错的味道与平衡
度，是很多人喜爱的烘焙阶段。

第六阶段 深城市烘焙（Full City Roast）
中度的强焙煎。可以感受到柔顺的苦味、清爽
且丰富的口感。几乎没有酸味，香气丰富。

第七阶段 法式烘焙（French Roast）
深度焙煎。咖啡豆呈深巧克力色，是开始产生
油脂的阶段。酸味减弱，出现略微焦香味。先
苦后甜，适合加入牛奶制作咖啡拿铁类的饮品。

第八阶段 意式烘焙（Italian Roast）
极深焙煎。常用于制作意式浓缩，咖啡豆表面
色泽极深且富有光泽，带有刺激性的苦味与强
烈的烟熏香气。

家庭烘焙

　　烘焙咖啡豆对于有机器的工厂或者烘焙咖啡店来说比较容易，但其实在家里也完全可以烘焙咖啡豆。可以使用家用烘焙机，或购买筛网、陶瓷烘焙锅。没有专业工具的时候，也可以使用平底锅或砂锅。筛网或陶瓷烘焙锅虽然样子不同，但是原理相似，在使用方法上没有差异。

　　家庭烘焙的最大优点就是，可以烘焙出符合自己口味的咖啡豆，并享用专属咖啡豆泡出的咖啡。如果过去喝的都是在市面销售的咖啡豆制成的咖啡，那么现在挑战一下家庭烘焙吧，这会是一个发现咖啡新魅力的机会。

制作专属咖啡的家庭烘焙

在家进行烘焙的话，可以利用筛网、平底锅、砂锅、陶瓷锅等各式工具。如果使用筛网的话，由于是用直火进行烘焙，相比起用平底锅或砂锅，银皮虽然会产生得多一些，但可以用肉眼确认咖啡豆的颜色，并调节火力，是在家烘焙最简便的方法。

使用筛网烘焙

用煮面时使用的筛网进行烘焙吧，容易购买且价格低廉，使用起来没有负担。

1. 将生豆放在筛网上，将三天喝的量，约50克的生豆一次性炒完比较合适。生豆量太少的话，很难炒得一致，量太多的话，烘焙可能较费力。

2. 打开煤气炉或电热板，如果火力太强，生豆会烧焦，所以要领是刚开始用小火，将筛网抬高，并轻轻地摇晃。

3. 像画圆形一样，轻轻地晃动筛网，使生豆上下混合。如果烘炒的过程中有豆子掉出也不要捡起来。

4. 在初期摇晃的同时水分会蒸发，银皮脱落，颜色开始变黄。

5. 豆子开始变为褐色时，将火力调节成中火。豆子变褐色的同时会发出噼里啪啦的爆裂声，说明第一次爆裂开始了，内部的水分从组织间渗透出来，这时要保证整体都充分受热。第一次爆裂结束后，将火稍微调小，将生豆的内部和外部均匀烘炒，这个阶段的酸味很浓，是用于测试阶段的咖啡。第一次爆裂后，爆裂声会暂时停止，接着又会发出与第一次爆裂略微不同形式的爆裂声音，这便是第二次爆裂。第二次爆裂开始后，就是我们饮用的城市烘焙阶段，也就是较弱的强焙煎。在这个阶段后，在自己想要的味道节点停止烘焙即可。

6. 第二次爆裂开始后，随着烟气的出现，快速地进行烘焙。随着声音逐渐变大，到达第二次爆裂的顶点。此时酸味会急剧降低，达到甜味、香味、苦味适中的状态。

7. 过了第二次爆裂的顶点，声音逐渐减小，烟开始大量冒出，这个阶段就是星巴克的烘焙阶段，深城市烘焙。颜色开始变深，表面渗出油脂，颜色还带些栗色，爆裂声也在一直持续，是享受带有强烈的甜味和苦涩味道的浓郁咖啡的合适状态。

8. 烘焙结束后，关火并利用电风扇等尽可能地快速冷却咖啡豆。

9. 挑出烧焦的咖啡豆，将剩下的咖啡豆放入密封容器中保存。

萃取实践

萃取器具不同，
味道也会不同

　　咖啡萃取方式大致上可分为手冲、法式滤压、意式浓缩。手冲如果算手动的话，咖啡机就属于电动。法式滤压壶是将咖啡粉放入圆筒形状的容器，倒入热水后，再按压金属过滤网，以浸泡的方式萃取咖啡。意式浓缩是使用专用机器，通过高压方式将热水通过研磨得很细的咖啡粉，在短时间内萃取出浓郁咖啡的方式。除此之外，还有虹吸、冰滴等各种萃取咖啡的方式。将多样的萃取器具适当地使用的话，每天都可以享受到不同风味的咖啡。

　　即使是同样的咖啡豆，也会因为萃取器具不同，而产生不同味道，因此，要先了解基本的萃取法。当熟悉了使用的器具，就能将拥有的咖啡豆与器具做出适当的搭配，享受多样的风味。

1
手冲咖啡

Hand Drip

什么是手冲咖啡？

——

手冲咖啡是饮用咖啡时最常用的方法。只要有简单的器具，并且掌握了基本方法，就能很容易地冲泡出符合自己喜好的美味咖啡。使用的滤杯不同，咖啡的味道和香气也会有所变化。因为这样的乐趣，任何人只要掌握了基本的萃取方法，就会马上陷入手冲咖啡的世界。在西方，用滤纸盛装咖啡粉，再用水壶注水的方式，被称为"冲煮（Manual Brewing）"或"滤滴（Poor Over）"。

我们常说的"手冲咖啡（Hand Drip）"这个名称源自日本。是在冲煮（Manual Brewing）咖啡时，使用手冲壶精细的调节水流，并且逐渐发展成萃取咖啡的方式。后来随着这个方式被传入韩国，"手冲咖啡"这个名称也被开始广泛使用。手冲是指使用法兰绒布过滤，或使用Melitta、Kalita滤杯时的滤纸过滤法。广义上可以理解为与意式浓缩咖啡相对的含义。

手冲咖啡的萃取方法：
1. 法兰绒滤布过滤萃取。
2. 滤纸过滤萃取（使用Melitta滤杯、Kalita滤杯、Kono滤杯、Hario滤杯、Clever聪明滤杯、Chemex咖啡滤壶等）。

萃取原理

手冲咖啡是指将滤纸装入漏斗状的滤杯中，或在法兰绒滤布上放入咖啡粉后，再用手冲壶将水一点点地地注入来萃取咖啡的方式。

咖啡味道的特点

水量与温度、水流的大小、时间等因素都会影响咖啡的味道。与依赖于机器萃取的意式浓缩咖啡不同，可以任意筛选萃取的咖啡成分，还可以调节浓度，冲泡出符合个人取向的咖啡。

手冲咖啡&意式浓缩咖啡

萃取方式	手冲	意式浓缩
味道	温和且清爽的味道	浓郁且丰富的味道
原豆	大多为单种豆	配豆
饮品活用度	有限	能制作多样饮品
器具	价格低廉	高价的专用机器
特点	可根据个人取向调节味道	机器的性能会影响咖啡味道
萃取时间	1分钟以上	30秒以内

包含手艺的手冲咖啡

萃取咖啡的人、滤杯的种类、咖啡豆的种类与新鲜度、水量与温度，甚至当天的天气，这些微小的差异都会影响手冲咖啡的味道。就像一碗料理一样，能感受到人细致的手艺，这就是手冲咖啡的魅力。

美味的滴滤式咖啡萃取法

——

萃取滴滤式咖啡时，咖啡粉的分量、研磨颗粒的大小、萃取时间、水温等，对于影响咖啡味道和香气的要素，都要适当地组合。所谓美味的咖啡是相对于个人的评价，根据个人喜好可以喝清淡的，也可以喝浓郁的。但是，美味咖啡的共同点就是回味无穷，带有好的苦味与酸味，不浑浊，并且没有令人不快的余味。只要仔细考虑到这个部分，就一定能萃取出美味的咖啡。

适量的咖啡粉

一般以一杯咖啡为基准，将10克咖啡粉用150毫升水来萃取。如果想要味道浓一点的话，可以增加咖啡粉的量或减少水量。咖啡粉虽然可以根据自己的喜好进行增减，但是量太少可能会很难萃取。

调节研磨颗粒的粗细

研磨的咖啡粉颗粒越细，就越能附着在滤纸上，萃取的速度变慢，这样就会冲煮出浓郁的苦咖啡。相反，颗粒越粗糙，萃取的速度越快，咖啡的成分无法完全被萃取，味道就会变淡。所以研磨颗粒的粗细可以根据器具或自身的喜好来搭配即可。

适当的水温

水温越高，咖啡粉中的成分就越快被萃取；水温越低，萃取时间就会越长，所以要根据温度来调节适当的萃取时间。一般主要使用90℃的水，如果使用低于90℃的水来萃取，需要延长萃取时间。水温高的话，咖啡的味道会变重；水温低的话，会萃取出较少的可溶性成分，咖啡的味道也会较淡。

调节萃取时间

萃取的时间越长，就会萃取出越多的咖啡成分，咖啡会浓郁且苦味也会越重。相反，萃取时间短的话，咖啡的香味就会变淡。请记住，当萃取的时间变长，厚重的口感中，可能会出现不好的味道。

符合口味的滤杯

选择可以萃取出自己想要的味道的器具。想要享受柔和味道，就用Kalita滤杯来萃取；想要浓郁味道，就用Kono滤杯或法兰绒滤布来萃取吧。

选择咖啡杯

饮用柔顺的咖啡时，使用宽边或厚度较薄的杯子，一口满满的咖啡喝进嘴里，可以充分感受到温和的味道。相反，饮用浓郁咖啡或有强烈风味的咖啡时，要选择嘴巴接触到的部位较厚的杯子。喝下一口时，嘴里的咖啡不要太多，这样才能毫无负担地享受咖啡。

手冲咖啡用的准备器具

—

在家喝手冲咖啡的话，需要研磨机、滤杯、滤纸、手冲壶、咖啡壶等器具。手冲咖啡用的器具，可以在进口商店或在网上咖啡用品商店、大型商场等地轻松购买。

研磨机（Grinder）

将咖啡豆研磨成粉的器具。请购买可调节研磨颗粒粗细的机器，因为要根据自己的喜好或萃取方式来调节适当的粗细。机器可分为手动款和电动款。

手冲壶（Drip Pot）

将热水倒入咖啡粉中时使用的咖啡专用水壶。与一般的水壶不同，它可以将水流进行细微的调节，握住把手时较为稳定，出水口窄且长，方便调节水流。容量从0.6~1.3升皆有，材质使用最多的有铜、珐琅、不锈钢。价格根据材质与容量、设计等有较大差异。

滤杯（Dripper）

作为手冲咖啡的必需品，装入滤纸后，放入研磨好的咖啡粉，注水来萃取咖啡的器具。种类分为：滤孔为单孔的Melitta滤杯、3孔的Kalita滤杯、圆锥形单孔的Kono滤杯和Hario滤杯，价格相对较为便宜（参见119页）。

法兰绒滤布（Flannel Dripper）

在发明滤纸之前使用的，一种利用绒面纺织物代替滤纸冲煮咖啡的器具。因为法兰绒能迅速地降低水温，所以萃取咖啡时要使用比用滤纸时更热的水。

滤纸（Paper Filter）

要使用适合滤杯大小的滤纸，用同一个公司生产的产品是最好的。尺寸不合适的时候，也可以按照滤杯的大小适当地折叠使用。种类可分为天然纸浆滤纸和漂白滤纸，敏感的人在使用褐色的天然纸浆滤纸时，可能会感受到纸浆的味道，请仔细查看后再购买（参见118页）。

咖啡壶（Server）

用来盛装萃取出咖啡的壶，一般是由耐热玻璃制成，虽然耐热但易碎，使用时要多加小心。容量从0.3~1.6升皆有，每个公司生产的咖啡壶口形状都会有些差异，所以如果不是同一家公司的滤杯，咖啡壶和滤杯可能会出现不合适的情况，购买时请注意。如果对购买全部的咖啡用品而感到负担，也可以不购买咖啡壶。

量匙和计量秤

用于测量准确分量的咖啡粉。量匙的大小取决于容量，请确认好自己使用的量匙是多少克。一般一匙的Melitta量匙为8克，Kalita量匙为10克，Kono量匙为12克。要测量出准确计量的话要使用电子计量秤。

温度计

冲煮咖啡时，注入的水温也是左右咖啡味道的因素之一。因此，在提取咖啡时有温度计是最好的。如果没有温度计，将水煮沸至100℃后，待水蒸气冷却，装入咖啡壶和杯子中温杯，然后再将水重新盛装起来使用，就是适合萃取咖啡的90℃左右的水温。

认识滤杯

—

　　沟槽（Rib）指的是滤杯内部的褶皱部分，是在倒入水时能让空气排出的通道。Rib在英语中是肋骨的意思，因为模样长得像肋骨一样，所以以此命名。每个滤杯的沟槽大小、长度、形态都不同，沟槽数量越多，高度越高，水流通过的速度就越快。因此滤杯也是对咖啡味道影响最大的因素。

　　滤孔是指水流出的孔，根据滤孔的形状、大小、数量的不同，咖啡流下的速度也会不同，这也是影响咖啡味道的重要因素。

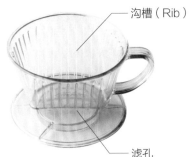

沟槽（Rib）

滤孔

基本滤杯的比较

品牌	Melitta	Kalita	Kono	Hario
形状	倒梯形	倒梯形	圆锥形	圆锥形
滤孔个数	1个	3个	1个	1个
滤孔大小	3毫米	5毫米	14毫米	18毫米

不同型号滤杯的容量

Malitta滤杯&滤纸	1×1（1~2人用），1×2（2~4人用），1×4（4~8人用），1×6（6~12人用）
Kalita滤杯&滤纸	101（1~2人用），102（2~4人用），103（4~7人用），104（7~12人用）
Hario滤杯&滤纸	01（1~3人用），02（1~4人用），03（1~6人用）
Kono　滤杯	MD21（1~3人用），MD41（4~6人用），MD11（10人用）
滤纸	MD25（1~3人用），MD45（4~6人用），MD15（10人用）

滤杯的材质与种类

———

　　滤杯材质以塑胶为主，此外还有金属（铜或不锈钢）、陶器（陶瓷）等，最近还出现了玻璃制品。尺寸多样，从1~2人份到6人份皆有，产品有Melitta、Kalita、Kono、Hario等，最近Chemex或Clever这类便利的滤杯使用的也比较多。就像每款滤杯都有各自的优缺点，了解其特性再选择合适用途的滤杯，才能更轻松地享用到美味的咖啡。

Melitta 滤杯
有1个滤孔，整体宽度略大，与Kalita滤杯相比，倾斜度较陡。

Kalita 滤杯
有3个滤孔，由细密的沟槽构成。

Kono 滤杯
有1个滤孔的圆锥形滤杯，沟槽只到滤杯的中间位置。

Hario 滤杯
虽然是与Kono滤杯相似的圆锥形，沟槽呈螺旋形延伸到滤杯底部。

Clever 聪明滤杯
结合了一般滤杯与法式滤压壶优点的新型萃取器具。

Chemex 咖啡滤壶
滤杯与咖啡壶成一体型的设计，为耐热玻璃制品。

闷蒸出咖啡的味道

手冲咖啡最重要的过程，就是为了
能简单地萃取出咖啡的成分而进行
闷蒸。闷蒸是指第一次将水倒入咖
啡粉中。咖啡粉新鲜的话，会因为
原豆中的二氧化碳而膨胀，但很久
前烘焙过的咖啡豆研磨成的咖啡粉
就不会膨胀。

手冲咖啡的两种萃取法

—

法兰绒滤布过滤（Flannel Drip）

法兰绒滤布过滤可以说是手冲咖啡萃取法的始祖。在手冲咖啡中，可以萃取出最优秀的咖啡味道，被称为"过滤法之王"，在滤纸发明前就已被广泛使用。以法兰绒滤布过滤的咖啡美味的原因是：构成咖啡口感的咖啡油脂等成分，虽然会吸附在滤纸上无法通过，但这些成分可以相对较轻松地通过法兰绒滤布。用滤纸过滤的咖啡味道较为尖锐，用法兰绒滤布过滤的咖啡则散发着美味、柔和且浓郁的丰富香气。

法兰绒滤布保存法

第一次使用法兰绒滤布时，用热水煮2~3分钟，去除布料上的浆。平时在使用后，要清洗干净再放入水中浸泡，以免法兰绒滤布变干。法兰绒滤布与空气接触会氧化，产生不好的气味，请浸泡在水中保存。

＜法兰绒滤布过滤萃取法＞

准备物品（2人份）**：**

法兰绒滤布、法兰绒滤布把手（或固定滤架）、手冲壶、咖啡壶、量匙（或计量秤）、温度计、咖啡粉24克、水240毫升

制作步骤：

1. 取出浸泡在水中的法兰绒滤布，轻轻地拧干后，夹在毛巾里吸除水分。将法兰绒滤布柔软的一面向外，能萃取出更丰富的味道。

2. 将咖啡粉倒入法兰绒滤布，稍稍将底部拉伸，使咖啡粉可以密实的装满，然后轻轻晃动滤布，使咖啡粉表面平整。

3. 用一只手举着法兰绒滤布，从咖啡粉的中心向边缘以画螺旋状般浇水。这时要尽可能在较低的位置，将水从咖啡粉的上方浇入。

4. 咖啡粉膨胀起来的话，暂停浇水并进行闷蒸，这时咖啡成分会溶解出来。

5. 膨胀的部分沉淀后，再开始从中心向边缘以画螺旋状般浇水，等待重新膨胀的部分变平。

6. 现在从咖啡粉的中心向边缘以画圆般注水，为了使萃取的咖啡能持续的滴落，要不断注水。

7、8. 成功萃取的话，咖啡粉的表面就会出现细碎的泡沫。

9. 表面的泡沫混入咖啡时会有涩味，所以要在泡沫沉下去之前将法兰绒滤布分离。

滤纸过滤（Paper Drip）

　　滤纸过滤是指使用滤纸与滤杯萃取咖啡的方法，萃取后方便后续处理，所以不仅是咖啡专卖店，在很多家庭也深受欢迎。滤纸过滤是根据使用的滤杯种类来左右香味，因此选择好符合自己喜好的滤杯非常重要。

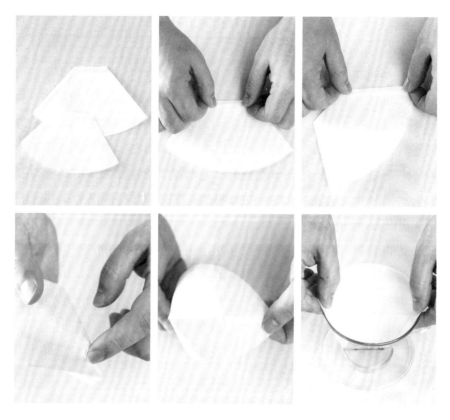

滤纸的折叠方法：

Mellita与Kalita的滤纸有两处线（接合线），请按照以下所示方法折叠。Kono或Hario的滤纸只有一处线，所以沿着那条线直接折叠即可。

1. 准备适合滤杯大小的滤纸。

2. 先将底边顺着接合线向内折。

3. 将侧面沿着接合线线向外折。

4、5. 再折一下两侧的末端，虽然可以不做这个过程，但这样折叠的话可以增强滤杯与滤纸的贴合度

6. 将滤纸装入滤杯中。

<滤纸过滤萃取法>

1. Melitta 滤杯

Melitta滤杯可以说是滤杯的鼻祖，是德国的咖啡爱好者梅丽塔·本茨（Melitta Bentz）夫人于1908年发明的方法。由于当时咖啡的过滤功能不够完善，所以喝咖啡的时候，口中总会残留咖啡粉，味道非常苦涩。于是梅丽塔夫人便撕下儿子的笔记本制作了过滤纸，将有孔的锅作为滤杯，萃取出了不会混合咖啡粉的清澈咖啡。梅丽塔夫人的这个发明可以算是滤纸过滤的开端。

Melitta滤杯只有一个萃取孔，其特点是滤杯内大量的水可以停留较久。由于萃取的重点是滤杯内要停留一定量的水，所以不用再单独使用咖啡壶。不需要分几次加水，只需不停地注水直到萃取出想要的咖啡量为止，但这个方法不适合冲泡大量的咖啡。

＜Melitta滤杯萃取法＞

准备物品（1人份）：

Melitta滤杯、滤纸、咖啡壶、量匙（或计量秤）、温度计

咖啡粉8~12克、水150毫升

制作步骤：

1. 在装好滤纸的滤杯中倒入咖啡粉。

2. 与其他滤杯不同，不用分几次注水，而是要一直注水。要用较粗的水柱注水，直至咖啡粉全部浸湿。

3. 等到准备的水全部倒尽，且咖啡萃取结束后，分离滤杯。Melitta滤杯在开始会萃取出淡咖啡，越后面会萃取出苦且浓郁的咖啡。

4. 完成萃取的咖啡。与其他滤杯相比，有着味道非常温和的特点。将完成的咖啡装进温热的杯子。

2. Kalita 滤杯

Kalita滤杯是日本将Melitta滤杯改良，把滤孔增加至3个，使水可以更快滴落的滤杯。不用担心会过多或过少萃取，很适合新手使用。与滴滤的速度或量无关，在滤杯内部能维持一定量的水和咖啡粉接触，即使萃取技术不足，也可以期待一下成果。日本人在有客人来访时，会诚意十足地冲泡一壶茶来招待，用Melitta滤杯的话，在倒水后还要等待，会让人觉得缺少礼节。因此将自家的茶文化结合，使用手冲壶来注水，还制作了Kalita滤杯与咖啡壶。

\<Kalita滤杯萃取法\>

准备物品（1人份）：

Kalita滤杯、滤纸、手冲壶、量匙（或计量秤）、咖啡壶、温度计

咖啡粉8~12克、水150毫升

制作步骤：

1. 在装好滤纸的滤杯中倒入咖啡粉，再放在咖啡壶上。在手冲壶中装入90℃的水，从咖啡粉的中心部分开始小心地注水，以画螺旋状般用细水流慢慢注入。

2. 进行闷蒸，等待咖啡萃取液一滴滴的掉落进咖啡壶中，大约需要1分钟。

3. 当咖啡粉全部膨胀起来后，开始第一次萃取。从中心向边缘注水，这时要在中央慢慢地注水，外缘则要加快注水。大概要注3圈，约10毫升的水。

4. 咖啡粉的中央部分沉淀（约需10秒），滴落的水柱变为水滴后，开始第二次萃取，注入约10毫升的水。

5. 等待约10秒后，开始第三次萃取，是调整咖啡的浓度与分量的过程，注水时水柱要比第二次更加粗且快，这次也要倒约10毫升的水。

6. 将咖啡壶与滤杯分离后，将手冲壶中120毫升的水加入萃取出的30毫升咖啡中。注水时沿着咖啡壶的壁面向下倒，这样才不会产生泡沫和杂味。将萃取出的30毫升咖啡与120毫升的水均匀混合为150毫升，倒入温热的杯中。

3. Kono 滤杯

Kono滤杯是最能体现冲泡咖啡之人个性的产品，因此不同的人所冲泡出来的咖啡，味道也有明显的差异。与Kalita或Melitta滤杯不同，Kono滤杯为圆锥形，即使放入等量的咖啡粉，看起来会更高，而且沟槽较短且数量少，因为只有一个滤孔，水通过咖啡的时间变长，适合萃取出浓度高且味道深沉的咖啡。想要冲泡出非常浓郁的咖啡的话，要领就是充分闷蒸50秒以上后，然后再慢慢地注水。但是，如果在滴滤前期集中于闷蒸的话，萃取时间变长，可能会过度萃取。比起轻烘焙的咖啡豆，在萃取时更适合使用深烘焙的豆子。初学者使用起来会多少有些困难，错误萃取的话，会花费太多时间，而且因为是专利产品，价格昂贵也是缺点。

<Kono滤杯萃取法>

准备物品（1人份）：

Kono滤杯、滤纸、手冲壶、咖啡壶、量匙（或计量秤）、温度计
咖啡粉12克、水120毫升

制作步骤：

1. 将滤纸折叠后装入滤杯，再倒入咖啡粉。

2. 在手冲壶里装入80~85℃的水，从中央开始以画螺旋状般细致地注水。Kono滤杯中的咖啡粉与水接触的时间属于较长类型，在萃取时水温需要比使用其他滤杯时低。注水量要与咖啡粉量相似，约从滤杯中滴下5滴的程度较为适当。

3. 闷蒸过程请等待约20秒。

4. 开始第一次萃取，当咖啡粉停止膨胀时，从中央开始以画螺旋状般倒水，这时要比闷蒸时注入的水柱粗一些。

5. 从中心开始向外缘注水，再从边缘向中心注水，然后停止。

6. 当鼓起的部分变低，呈水平状时，用同样的方法开始第二次萃取。

7. 要比第一次萃取时更快更粗地注水。

8. 第三次萃取时，要比第二次更快更粗地注水。

9. 以相同的方法反复倒水，直至萃取出120毫升的咖啡。当咖啡粉再次下沉时，开始第四次萃取。确认咖啡萃取量，注水时要比第三次更快。

10. 当萃取出想要的量后，分离滤杯，将咖啡倒入温热的杯中饮用。

<Kono滤杯点滴萃取法>

制作步骤：

1. 装好咖啡粉后，抓住滤杯的上半部分摇晃，使表面平整。

2. 在手冲壶中装入85℃的水备用。

3. 从中央将水一滴一滴的滴落。

4. 一滴一滴的加水，直至咖啡粉全部浸湿并进行闷蒸。

5. 开始萃取咖啡。

6、7. 萃取到一定程度后，从内向外以画螺旋状般细细地注水。

8、9. 再从外侧向内侧注水。

4. Hario 滤杯

由日本的餐具公司Hario将Kono滤杯改良而成的产品。Hario滤杯的沟槽为密集的旋风形态，从滤杯的上端部位延伸至滤口，滤口较大，空气的流动与咖啡的萃取速度都较快。但如果过快地倒水，就无法充分萃取出咖啡的成分。不像Kono滤杯会因为萃取技术而左右咖啡的味道，使用Hario滤杯时，即使没有精密的技术，只要调节好萃取速度，就可以轻松冲泡出想要的咖啡味道。

<Hario滤杯萃取法>

准备物品（1人份）：

Hario滤杯、滤纸、手冲壶、咖啡壶、量匙（或计量秤）、温度计

咖啡粉10~16克、水150毫升

制作步骤：

1. 将滤纸折叠后装入滤杯，再倒入咖啡粉，抓住滤杯的上半部分轻轻摇晃，使咖啡粉表面平整。

2. 首先倒水进行闷蒸，以画螺旋状般将与滤杯中咖啡粉等量的85℃的水慢慢注入。

3. 5~10滴咖啡滴落在咖啡壶底部的程度最为适当，闷蒸需等待20~30秒。

4. 向闷蒸后的咖啡粉中充分注水，进行第一次萃取。从中央开始以画螺旋状般向边缘注水。第一次萃取后间隔10~15秒再倒水。

5. 当水减少时，需要再将水补充到刚开始时的量。进行第二、三次萃取时，每次的水量要一点点增加。如果注水的速度慢，萃取时间会变长，就会冲泡出浓郁的咖啡；萃取时间短的话，可以冲泡出较淡的咖啡。

6. 滴滤出约150毫升的咖啡后，分离滤杯，将咖啡倒入温热的杯中。

5. Clever 聪明滤杯

Clever聪明滤杯是集滤杯与法式滤压壶的优点于一体的新型萃取器具，是最容易萃取高品质咖啡的方法之一。一般的滤杯要架在咖啡壶上，用通过式将水注入来萃取咖啡，而Clever聪明滤杯是放在平坦的平面上，装入咖啡粉再注水，等待适当时间后，咖啡就会直接滴落。喜欢浓郁味道的人可以多放些咖啡粉，或是注水后多等待一会再萃取；如果偏好味道较淡的咖啡，可以在注水后快速的萃取。在便利性方面虽然最为简便，但是因为咖啡粉在水中浸泡的时间较长，所以会萃取出咖啡豆中的多样物质，味道的好坏差别会十分明显。

准备物品（2人份）：

Clever聪明滤杯、滤纸、咖啡壶、量匙（或计量秤）、搅拌棒（或汤匙）、温度计

咖啡粉20~24克、水300毫升

制作步骤：

1、2. 将3~4人用的滤纸按照Clever聪明滤杯的形状折叠。先折叠底边，再折叠侧边即可，这时底边与侧边折叠部分要成相反方向，才能保持漏斗状。

3. 将Clever聪明滤杯放在平坦的地方，装入滤纸。

4. 倒入研磨好的咖啡粉。

5. 注入90~93℃的水。

6. 等待1分钟左右。

7. 用搅拌棒搅拌约5次后，等待2分钟。如果喜欢清淡的味道，就不要搅拌，缩短浸泡的时间；如果喜欢浓郁的咖啡，可以闷蒸1分钟，再浸泡2分钟，共萃取3分钟，清淡的咖啡要用更短的时间来萃取。

8. 共等待3分钟后，将Clever聪明滤杯放在咖啡杯或咖啡壶上，底部的活动阀门会自动打开，萃取出咖啡，将咖啡倒入温热的杯中。

6. Chemex 咖啡滤壶

作为滤杯与咖啡壶为一体型的咖啡滤壶，与葡萄酒的醒酒瓶外形相似，是很有品位的设计产品。最近在美国收获了超高的人气，扩大了市场。这款器具由德国化学家Peter J.Schlumbohm在1941年发明，据说这位科学家的许多发明都没有好的结果，即将面临破产，正是因为发明了Chemex咖啡滤壶才得以挽回。Chemex咖啡滤壶设计精良，使用方法简单，可以说是最适合现在这个时代的滤杯了。一般手冲的情况，即使同一个人每次冲泡出的咖啡浓度也可能会不同，但使用Chemex咖啡滤壶最大的优点就是，任何人冲泡出的咖啡味道都不会出现很大偏差。冲泡咖啡时，不用特别注意水流，直接注满水就可以萃取，非常便利。另外，壶底较宽壶身较窄，咖啡香气不易散发。

<Chemex咖啡滤壶萃取法>

准备物品（4人份）:

Chemex咖啡滤壶、Chemex专用滤纸、量匙（或计量称）、温度计

咖啡粉42克、水720毫升

制作步骤:

1. 将滤纸分成四等份，折叠后装入Chemex咖啡滤壶，将滤纸三面重叠的部分放在滤壶口的方向。

2. 用水润湿滤纸，提高与Chemex咖啡滤壶的贴合度。

3. Chemex咖啡滤壶预热后，将水倒掉。

4. 在湿润的滤纸中放入咖啡粉。

5. 均匀地铺开咖啡粉。

6. 7. 注入90℃的水，闷蒸30~40秒。

8. 慢慢地注满水，萃取咖啡。

9. 持续注水，直到咖啡达到Chemex咖啡滤壶的脐身位置。

10. 咖啡全部萃取后，拿出滤纸，将咖啡倒入温热的杯中。想喝淡咖啡的话，请再加一些水。

2
土耳其铜壶

Ibrik

什么是土耳其铜壶？

——

不止是在土耳其使用土耳其铜壶，也是中东伊斯兰地区爱用的咖啡萃取方式。虽然主要被称为土耳其咖啡（Turkish Coffee），但是因为使用了称为Ibrik或是Cezve的器具，也被称为伊芙利克咖啡（Ibrik Coffee）。通常称这种萃取法为煮沸法（Boiling）或熬煎法，它能制作出浓度高且稠的咖啡。

萃取原理

作为世界上最古老的咖啡萃取法，将烘炒过的咖啡豆捣碎后，加入水煮沸。根据个人喜好，可以加入砂糖、蜂蜜、牛奶、山羊奶、橙子、可可粉、巧克力糖浆、肉桂棒等香料等来多样化的享用。

咖啡味道的特点

伊芙利克咖啡是指将研磨很细的咖啡粉反复煮沸，不断萃取出咖啡成分。咖啡煮沸后，会混着咖啡粉一起倒在杯中饮用，所以其特点是味道非常浓郁且厚重。

构造与材质

在制作伊芙利克咖啡时，主要使用手柄长、壶口小，外形像小锅一样的Cezve壶或Ibrik壶。萃取出的咖啡大约是一杯浓缩咖啡的量。由于壶口比底部

要窄，咖啡煮好后慢慢倒的话，咖啡粉就会自然地留在壶内。

　　土耳其铜壶主要由铜或黄铜制成，一个铜壶价格约为544元人民币，属于较为高价的类型。

伊芙利克咖啡与咖啡店

在土耳其，只要咖啡煮得好，就会被认为是有很强生活手艺的新娘；喝完咖啡后，还可以通过观察杯内剩下的咖啡渣来占卜运势。

<土耳其铜壶咖啡萃取法>

准备物品（1人份）：

土耳其铜壶、搅拌棒（汤匙）、量匙（或计量称）

咖啡粉（比意式浓缩更细）7~12克、水70毫升、砂糖（或蜂蜜）1~2小匙

制作步骤：

1. 将咖啡粉装入土耳其铜壶，倒水至中间高度。

2. 用搅拌棒搅拌，防止咖啡粉结块。

3. 将土耳其铜壶放在火上，水煮开后开始起泡。

4. 在咖啡煮沸到快要溢出之前，暂时将铜壶从火上拿下，用搅拌棒搅拌5~10秒进行冷却。（根据个人喜好放入砂糖并搅拌均匀，在一开始就放入砂糖要比在最后放入的口感更好。）

5. 再将铜壶放在火上。

6. 咖啡要溢出时，先暂时离火，用搅拌棒轻轻搅拌三次。根据搅拌的次数，咖啡的香气会越来越浓，可按照个人口味调节搅拌次数。

7. 如果煮到出现泡沫，壶口沾上的咖啡粉烧焦可能会产生苦味，要注意不要让泡沫溢出来。煮好的咖啡先离火，暂时放置在一边使咖啡粉沉淀到底部

8. 在杯中倒入清澈的咖啡，如果想要咖啡更清澈一些，可以在滤杯中放入滤纸过滤一次。

3

法式滤压壶

French Press

什么是法式滤压壶?

———

泡茶时使用的法式滤压壶,原本是为了萃取咖啡而发明的器具。虽然在最初被称为滤压壶(Plunger Pot),但是现在法式滤压壶(French Press)这个名字被更多人所熟知。法式滤压壶是1850年在法国最初由金属制成,之后在1930年由一位名叫Atillio Calimani的意大利人利用玻璃和金属改造成现在模样的法式滤压壶并使用,再由丹麦的Bodum公司正式生产,在欧洲各地广为流传。

萃取原理

法式滤压壶是装入咖啡粉,注入热水后,只需要按压即可的简便器具。将水倒入咖啡粉中浸泡的浸出式萃取法,调节水和咖啡粉的接触时间,就可以泡出想要的咖啡味道。因为在热水中浸泡的时间相对较长,所以使用的咖啡粉最好要比手冲用研磨的更粗。

咖啡味道的特点

用最简单的方法萃取咖啡,可以感受到咖啡的丰富口感。但是,由于使用的是不细密的金属过滤网,咖啡粉容易掺杂进去,缺点就是带有涩涩的味道,或者无法萃取出清澈的咖啡。

构造与材质

法式滤压壶由圆柱形玻璃容器与带有把手的滤压网所构成，杆子连接滤网和带把手的盖子，玻璃容器上有刻度，便于调节咖啡的量。

法式滤压壶主要由玻璃和不锈钢制成，从1人用到大容量，种类繁多。最近还出现了不锈钢做的壶身，加上橡胶和合成树脂制成的双重滤网，也可以兼用作冲茶的浸泡壶等。

玻璃壶

金属过滤网

与滤网一体的把手

<法式滤压壶咖啡萃取法>

准备物品（1人份）：

法式滤压壶、搅拌棒（或汤匙）、量匙（或计量称）

咖啡粉8~15克、水150毫升

制作步骤：

1. 将咖啡粉倒入法式滤压壶中，这时要使用比手冲用研磨的更粗的咖啡粉。

2. 将约90℃的热水注入法式滤压壶中。咖啡粉遇水后可能会因为膨胀而溢出滤压壶，所以请慢慢注入。

3. 用棒状搅拌5~10次，使咖啡粉与水均匀混合。

4. 盖上盖子，将过滤网慢慢按压至法式滤压壶的中间点。

5、6. 浸泡2~3分钟咖啡，萃取时间越长，越可能会出现苦味。

7. 浸泡至接近自己想要的味道时，将过滤网压至底部。如果过滤网按压得太快，咖啡粉可能会翻上来，所以要慢慢按压。

8. 将萃取出的咖啡倒入预先温热过的杯中，这时如果倒得太快，咖啡粉也可能会随之倒出。咖啡粉一直浸泡在法式滤压壶中，随着时间的流逝，咖啡的味道会越来越苦涩，因此要一次性将所有咖啡倒出饮用。

用法式滤压壶打奶泡

法式滤压壶不仅可以用来泡茶，也可以在打奶泡时使用。方法非常简单，将加热好的牛奶倒入法式滤压壶，反复上下移动与滤网连接的把手，可以制作出从卡布奇诺到拿铁拉花所用的奶泡。

法式滤压壶的多样名称

法式滤压壶又称为Coffee Press、Press Pot、Plunger Pot等，有多种名称。法式滤压壶，顾名思义就是在法国发明的萃取器具，最初是在金属体中用棉布过滤咖啡的方式。

4

虹吸壶

Siphon

什么是虹吸壶?

——

虹吸壶（Siphon）是利用蒸汽的压力把水引上来萃取咖啡的真空萃取装置，可以萃取出香气好，味道清爽、纯净的咖啡。虹吸壶这个名称通过1925年Kono公司制造并销售虹吸壶萃取咖啡器具而广泛传播。现在很多专业咖啡用品公司都在制造虹吸壶器具，由于设计多样化，作为室内装饰小物件也很受欢迎。在下壶里的水上升至上壶，与咖啡粉相遇后再下降到下壶的萃取过程，十分有趣。

萃取原理

虹吸壶是由上部的"上壶"和下部的"下壶"所构成，是在水蒸气的压力下，下壶的热水上升至上壶来萃取咖啡的方式。上壶中萃取出的咖啡，滴落至下壶，并通过滤器过滤掉咖啡粉。

咖啡味道的特点

使用虹吸壶时，只要能够保证咖啡粉量和水量、火的强度、萃取时间，就能制作出有稳定香味和清爽味道的咖啡。如果说手冲的关键是调节水柱，那么虹吸壶则是根据搅拌棒的使用技术给味道带来变化。咖啡豆要研磨得比手冲时细一点才能更好萃取，全部萃取时间最好保持在1分钟内。

构造与材质

虹吸壶大体由上下两部分构成，上部是盛装咖啡粉的上壶，下部是盛装水的下壶，再下面放置加热水的酒精灯、燃气炉或卤素灯一类的热源来使用。过滤器有纸和法兰绒布两种，使用滤纸能冲泡出清澈的味道，使用法兰绒布虽然能丰富的感受到咖啡香味，但缺点是管理起来很麻烦。

虹吸壶是由耐热玻璃和不锈钢制成，Kono、Hario、Tiamo等品牌都有产品，从1人用迷你壶到2~5人用，还有下壶带有把手的产品等，种类繁多，价格也从163~5443元人民币不等。

上壶

过滤器

支架

下壶

酒精灯

搅拌棒

<虹吸壶咖啡萃取法>

准备物品（2人份）：
虹吸壶、搅拌棒（或汤匙）、量匙（或计量称）
咖啡粉24克（粉碎至手冲用和法式滤压壶用咖啡粉的中间程度）、水240毫升

• 咖啡与水的比例为1：10适当

• 在萃取进行中，器具的温度会上升，拿取时请注意，并用干毛巾将上壶或下壶的水汽擦干再使用。

安装过滤器

1. 将滤纸夹入滤器之间。
2. 旋转滤器的下半部分，使上下结合。
3. 用手将滤器向上包住。

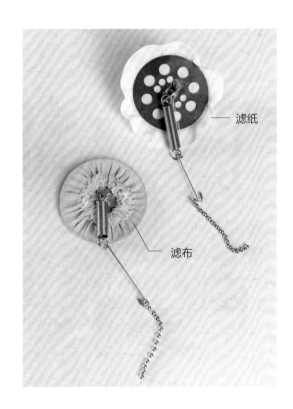

滤纸

滤布

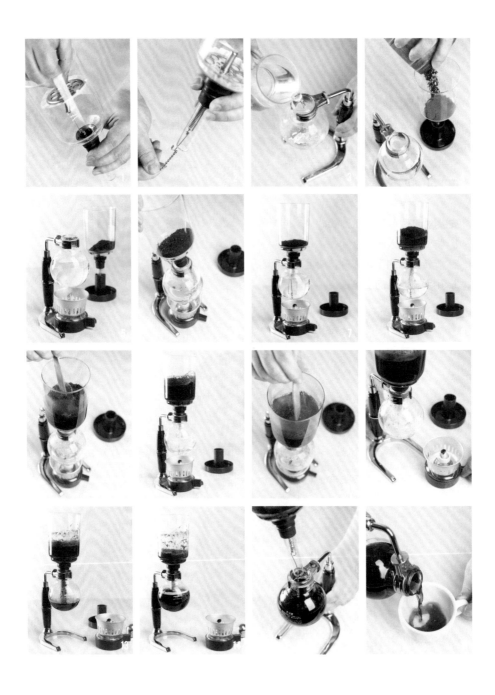

制作步骤：

1. 将过滤器放进上壶。

2. 把滤器底部的小铁勾拉出，确切地挂住上壶的管口，请确认是否正确地与上壶连接。

3. 萃取前，先在下壶中倒入热水。萃取时如果温度差异变大的话，就无法充分地感受到咖啡的香味。

4. 在上壶中放入咖啡粉，通过敲打或者晃动上壶使表面平整。如果咖啡粉不平整，就无法与水均匀地接触。

5. 将酒精灯放置在下壶的中心位置。

6. 先将上壶倾斜着挂上去。

7. 水加热至85~95℃时，会产生气泡和水蒸气。当水开始快速沸腾时，将上壶调整为水平状态，与下壶结合。

8. 随着下壶内的压力升高，水会通过玻璃管快速上升。

9. 当上升至上壶中的水为咖啡粉的2倍程度时，用搅拌棒搅拌5次左右，使咖啡粉与水均匀混合。这时为了防止咖啡粉黏在壶壁上，要迅速地旋转搅拌棒进行搅拌，从而将咖啡粉中的咖啡成分均匀萃取。

10. 静置30秒~1分钟。

11. 用搅拌棒再次以画螺旋状般搅拌5次。

12. 撤掉酒精灯。

13. 当下壶内部的压力降低时，从上壶萃取的咖啡通过滤器过滤后，滴落至下壶。等咖啡全部滴落后，泡沫会开始流下来。

14. 出现黄色泡沫，说明连咖啡香味也被成功萃取出来。

15. 用一只手抓住支架，另一只手抓住上壶的上部，以画圆的方式移动，慢慢地去除压力。

16. 小心地握住已经分离的下壶支架，将咖啡慢慢倒入温热的杯中。

5
摩卡壶

Mocha Pot

什么是摩卡壶?

——

摩卡壶是即使在家里没有咖啡机,也可以让人享用到意式浓缩咖啡的器具,在1933年由意大利人阿方索·比乐蒂(Alfonso Bialetti)所发明。之后"比乐蒂"成为意大利大部分家庭都会使用的摩卡壶代表性品牌,因为价格比意式咖啡机更为低廉,所以在全世界的销售量已超过3亿个,使摩卡壶变得大众化。

萃取原理

在下壶中倒入水煮沸后,水蒸气通过咖啡粉在上壶萃取咖啡的方式。注入下壶的水不要超过中间的压力阀,如果水将排出压力的安全阀堵住的话,会因为压力过大产生危险。

咖啡味道的特点

作为利用煮水压力的手动式小型意式浓缩萃取器具,在短时间内可以萃取出咖啡因含量低,且味道浓郁的咖啡,使用起来十分简便。虽然因为压力低,意式浓缩咖啡特有的细密泡沫(Crema)较少,但在浓郁的咖啡味道上毫不逊色。如果不喜欢咖啡粉苦涩的口感,在中间夹入滤纸,就可以享受更加清澈的意式浓缩咖啡。

构造与材质

摩卡壶为两层结构，下方是装水的下壶，上方是萃取咖啡的上壶，中间则是放入咖啡粉的粉槽。平时在保管时，要将上壶与下壶、咖啡粉槽分开，这样才能防止生锈。

摩卡壶主要由导热性强的铝制成，但最近还使用铝合金、不锈钢、陶瓷来制作，有以陶瓷产品为特色的Ancap，以有设计感的厨房用品而闻名的Alessi，Giannini等产品，虽然价格根据品牌和种类而千差万别，但是从163元人民币左右开始就可以购买。

上壶

下壶

盖子

咖啡粉槽

中央支柱

压力阀

内部样子

价格低廉的意式浓缩萃取器具
摩卡壶作为手动式小型意式浓缩咖啡萃取器具，在家中也可以很容易使用。1人用、2人用、4人用、12人用等，尺寸多样，方便选择想要的容量购买。但，1人用摩卡壶仅能萃取出1人份的咖啡，2人用摩卡壶也只能萃取出2人份的咖啡。

<摩卡壶咖啡萃取法>

准备物品（1人份）：
摩卡壶（1人用）、量匙（或计量称）、咖啡粉12~15克、水60毫升

制作步骤：

1. 将水注入下壶，这时水达到下壶的压力阀（小孔）即可。由于冷水煮至沸腾需要一段时间，所以适当混合热水可以缩短萃取时间。

2. 将咖啡粉放入粉槽中，用量匙底面把咖啡粉压平。

3. 将装有咖啡粉的粉槽安装在下壶上。

4. 连接下壶与上壶。如果连接不当，泄漏出的压力可能会使萃取失败，或使热水流出，请注意。

5. 如果加热台与摩卡壶底部不匹配时，将辅助支架搭在上面使用。

6. 将摩卡壶放在中火上煮。这时把手碰到火可能会融化，所以将它放在中心的外侧。

7. 打开盖子开始萃取。如果是中央支柱高的摩卡壶，应盖上盖子萃取。

8. 当咖啡萃取液涌上来时，盖上盖子并调小火后，等待发出咕嘟咕嘟的声音就可以离火。

9. 将上壶萃取出的意式浓缩咖啡倒入温热的杯中，可以根据个人喜好加入热水混合饮用。

如何分离摩卡壶？
待摩卡壶完全冷却后再分离最为安全。但是，如果必须要立即分离的话，用一只手抓住把手，另一只手用凉的湿毛巾包裹住下壶旋转，就可以轻松分离。

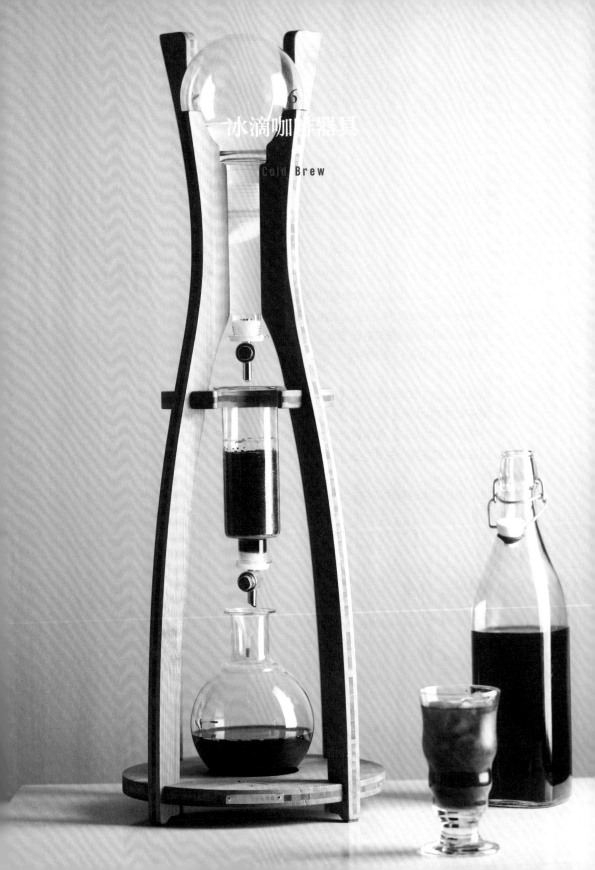

冰滴咖啡器具

Cold Brew

什么是冰滴咖啡？

———

通过荷兰商人而被人熟知的荷兰咖啡（Dutch Coffee），也被称为水滴咖啡（Water Drip）或冷萃咖啡（Cold Brew）。最近在韩国也因为其柔和且幽深的余味而成为人们喜爱的咖啡萃取法，常被成为Dutch Coffee。

不同于其他咖啡要通过热水萃取，冰滴咖啡的特点是用冷水进行3~12小时的长时间咖啡萃取。这样萃取出的咖啡比起马上饮用，装入密封容器，放在冰箱冷藏2~5天使之熟成，饮用时更能感受到柔和且深邃的味道。萃取得好的冰滴咖啡还能感受到比高档葡萄酒更好的口感与香味。根据个人喜好，还可以加入冰块和冷水饮用，或者加入砂糖、牛奶等混合饮用也不错。一般在冷水中放入咖啡粉长时间浸泡的萃取方式，受到很多人的喜爱。

萃取原理

通过从上方滴落的水滴的力量来萃取咖啡，在上方的盛水槽内加水，将咖啡粉倒在过滤器上，再慢慢滴滤的方式。这时要使用经过深烘焙且研磨的很细的咖啡粉。萃取速度在每1.5秒滴落一滴咖啡最为适宜，可用调节阀来调节速度。

咖啡味道的特点

用冷水萃取的冰滴咖啡在夏天更有人气，相比起用热水冲泡的咖啡，更不容易氧化，即使长时间保存味道也不会有太大变化。咖啡因也几乎未被萃取出来，因为咖啡因只会在超过75℃的热水中溶解。另外，用冷水萃取出的咖啡苦味或涩味的成分较少，黑巧克力的味道和烟熏的香气浓郁地萦绕在一起。

构造与材质

冰滴咖啡的萃取器具是由上方盛水的水槽、下方的下壶（玻璃瓶）、连接上下方的过滤器所构成。由于是玻璃制品，洗涤时不要用过热的水。入口狭窄的水槽要用柔软的刷子仔细地刷洗，过滤器在使用后要煮一下再晾干。

冰滴咖啡器具易碎，且价格较高，以日本产品居多，最近韩国也在制造中，价格根据不同的容量与公司品牌从544~5440元人民币不等。

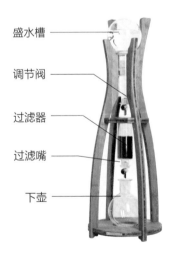

盛水槽

调节阀

过滤器

过滤嘴

下壶

夏季享用的高级咖啡
萦绕着黑巧克力和烟熏香气、味道清爽的冰滴咖啡，是将萃取出的浓郁咖啡原液放入冰箱冷藏保存后再饮用的咖啡。冰滴咖啡原液中添加清凉的水和冰块，在夏季享用尤为适合。

<冰滴咖啡萃取法>

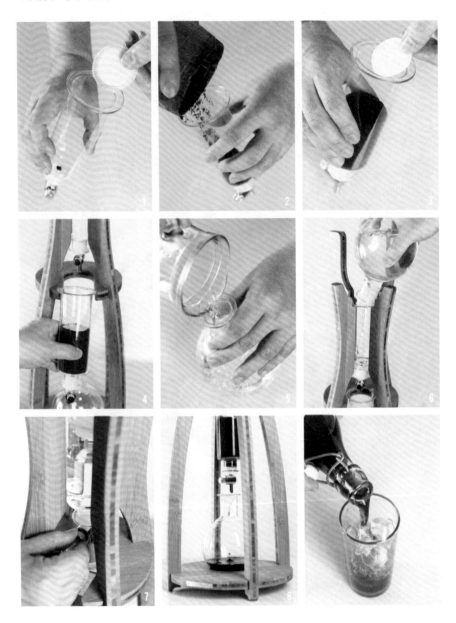

准备物品（16人份）：

冰滴咖啡器具、密封容器

咖啡粉50克、水500毫升

制作步骤：

1. 在滤器底部放入滤纸。滤纸有调节咖啡粉内部的水流和去除杂味的作用。根据不同的器具选择滤纸、法兰绒布、陶瓷的滤片进行使用。

2. 将咖啡粉放在滤器中，粉末颗粒太细的话，水不容易通过，颗粒太粗的话，水又会流得太快，所以咖啡粉像芝麻盐的粗细程度最为合适。请把咖啡粉均匀压平，也可以使用咖啡压粉锤。

3. 在咖啡粉上盖一张滤纸（或法兰绒滤布、陶瓷滤片）。只有这样水在滴落时才不会出现坑洼，并且均匀地渗透进咖啡粉。

4. 安装过滤器。

5. 在水槽中加入常温水。

6. 先关闭水滴调节阀，再安装上壶。

7. 调整水滴调节阀，使水滴可以适量滴落。

8. 等到咖啡粉全部浸湿后，开始滴滤咖啡。但是，可能会出现之前调节好的水滴停止滴落的情况，中途要不断检查。

9. 经过3~12小时后萃取完成。将冰滴咖啡盛装在密封容器里，放入冰箱冷藏室熟成2~5天，然后放入冰块和水饮用。

Tip

萃取出的冰滴咖啡，30毫升为一人份使用，再按照个人喜好放入冰块和水，按照自己想要的浓度来调节饮用即可。

7

胶囊咖啡机

Capsule Coffee Machine

什么是胶囊咖啡机?

——

在咖啡机中放入胶囊,只需要按下按键就能萃取出想要的咖啡,是非常符合忙碌的现代人生活方式的产品。一杯分量的咖啡粉被单独密封,可以长时间保存香气且十分卫生。特点是不需要特别的技术,简单方便,还可以随时品尝多种咖啡口味。每个品牌胶囊的大小和种类都不同,所以要根据自己想要的咖啡味道和香气来选择购买咖啡机的品牌。

萃取原理

胶囊咖啡的萃取原理与意式咖啡机一样。咖啡豆在高温高压下能瞬间获取咖啡原液。如果说与意式咖啡机有不同之处的话,就是原本需要将咖啡豆研磨碎后放入意式咖啡机的过程由胶囊替代,萃取过程变得非常简便。

咖啡味道的特点

胶囊咖啡虽然可以根据自己的口味来选择想要的咖啡香味,但咖啡的种类会因为品牌而不同。雀巢有混合了多种特色生豆的综合浓缩咖啡(Espresso)、美式咖啡风格的大杯咖啡(Lungo)、只提供单一原产地咖啡的纯正之源咖啡(Pure Origin)、不含咖啡因的低因咖啡等数十种。此外,意利(illy)有深度烘焙咖啡、中度烘焙咖啡、低咖啡因咖啡、Lungo等,香啡缤(The Coffee Bean)有意式浓缩和滴滤咖啡胶囊。胶

囊价格每颗约为2.7~7元人民币左右。主
要以意式浓缩为基础可以制作不同口味的
咖啡饮品。还有附加蒸汽机的咖啡机，像
咖啡拿铁或卡布奇诺这样的饮品也能轻松
制作。

构造与材质

胶囊咖啡机与家用意式咖啡机或美式
咖啡机的大小相似，由放入咖啡胶囊的投入口、盛水的容器和咖啡的
萃取口所构成。不同的机器还会内置蒸汽机或收集空胶囊的容器。

胶囊咖啡机有雀巢（Nespesso）、意利（illy Francis）、香啡缤（Coffee
Bean Tea）、多趣酷思（Dolce Gusto）、拉瓦萨（Lavazza Guzzini）、
意达莉咖（Italico）、奇堡（Tchibo Cafissimo）、爱做袋装咖啡的Flavia，
除了胶囊外，还有可以萃取咖啡粉的Keurig等品牌，价格从544~5440元
人民币不等。

<胶囊咖啡萃取法>

准备物品（1人份）：
咖啡胶囊机、咖啡胶囊1颗、适量的水

制作步骤：
1. 在水箱内装入适量的水。
2. 选择想要的胶囊味道后，放入胶囊咖啡机。
3. 在萃取口下面放好盛装咖啡萃取液的杯子。
4. 按下想要喝的意式浓缩或美式咖啡等按键。
5. 萃取出咖啡后，将胶囊拿出，在萃取口下放一个空杯子，按下萃取键清洗萃取口内部。

8
美式咖啡机

Coffee Maker

什么是美式咖啡机？

——

美式咖啡机是一种带有滤杯（滤网）的家用电动滴滤咖啡器具。水滴落的方式有水柱连续滴落、多重水柱滴落、调节水的滴落时间等多种选择，所以即使用同样的咖啡粉萃取，咖啡的味道也会不一样。主要适合用来冲泡淡咖啡，使用新鲜的咖啡豆就可以享用美味的咖啡。

萃取原理

将水槽装满水，在滤杯部分的滤筒中装入滤纸，倒入咖啡粉后按下按键，热水会掉落到咖啡粉中，萃取出咖啡。具有保持咖啡热度的保温功能，有的机身还附有研磨机，可以一次性萃取大量的咖啡。

咖啡味道的特点

可以享用到温和味道的咖啡，非常适合对浓郁咖啡或苦味感到负担的人。如果希望咖啡浓一点的话，就增加咖啡粉的量。咖啡萃取后香味很容易改变，最好尽快饮用。

构造与材质

滴滤式咖啡机由盛装水的水槽、盛装咖啡粉的滤筒、滴落萃取好的
咖啡的萃取口、接咖啡的咖啡壶等构成。本体以不锈钢和塑料为主，咖
啡壶大部分是以耐热玻璃或保温性能好的不锈钢为主。

滤筒

水槽

萃取口

咖啡壶

如何用美式咖啡机制作出美味的咖啡？

1. 咖啡粉与水接触后，稍微等待一会，咖啡豆的成分就很容易被萃取出来。
所以先打开咖啡机，直到咖啡壶中滴落两三滴咖啡时，关闭电源，等待20秒
左右。之后再萃取咖啡就可以感受到更浓郁的味道。

2. 萃取咖啡时，刚开始萃取出的咖啡味道好，越到后面越苦涩。如果你需要
冲煮5人份的咖啡，只需加入3人份的水，萃取出咖啡后，再加2人份的热水进
行混合，这样就可以品尝到更加清爽美味的咖啡。

<美式咖啡机咖啡萃取法>

准备物品（1人份）：

美式咖啡机、量匙（或计量秤）

咖啡粉8克、水150毫升

制作步骤：

1. 将水加入水槽中，要比想要萃取的咖啡量多10~20毫升。
2. 将滤纸放入滤器，并放入咖啡粉。约100毫升的水搭配5.5克的咖啡粉较为适当。
3. 调整注水的位置。
4. 按下开关萃取咖啡。

9
意式咖啡机

Espresso Machine

什么是意式咖啡?

———

意式浓缩咖啡（Espresso）与英语的Express是相同的语源，是"快速"的意思。不仅是咖啡的萃取速度快，饮用的速度也很快，因此出现了这个名字。意大利人传统饮用的意式浓缩咖啡，是利用专用机器以高压萃取的高浓缩咖啡。因为是在短时间内萃取，咖啡因的含量较低。主要使用将深烘焙咖啡豆研磨得很细的咖啡粉，可以制作我们经常喝的美式咖啡、咖啡拿铁、玛奇朵、卡布奇诺等饮品。

萃取原理

90℃左右的热水通过研磨得很细的咖啡粉后，水溶性成分会溶解在水里，非水溶性成分或香气成分不会溶解，通过小孔的金属过滤器穿透出来的萃取方式。在冲煮把手的过滤器中加入咖啡粉，用咖啡压粉锤将顶面均匀压实，装好冲煮头后，按下热水供应键，就会通过一定的压力，萃取出高浓缩的咖啡。一杯意式浓缩咖啡的单位为份（shot），通常1份（1 shot）是指使用6~10克的咖啡粉，以90~92℃的温度，利用800~1000千帕的高压来萃取20~30秒，萃取出约为20~30毫升的咖啡。

咖啡味道的特点

意式浓缩咖啡与一般的咖啡不同，是覆盖着细密泡沫的黑咖啡，需要在浓郁香气消散之前尽快饮用。喝完之后口中会残留下强烈的厚重口感，魅力十足。意式浓缩咖啡使用专用的小型咖啡杯Demitasse盛装，因为是和甜味很配的咖啡，在意大利主要加入砂糖一起饮用。

构造与材质

意式咖啡机大体可分为手动式和自动式，大部分由加热水的锅炉和调节水量的马达构成，还有制作牛奶泡沫的蒸汽阀、热水的出水头、盛装咖啡粉的滤器，以及带有过滤器的冲煮头等。

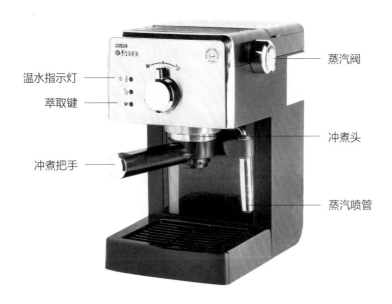

温水指示灯

萃取键

冲煮把手

蒸汽阀

冲煮头

蒸汽喷管

多样的意式浓缩咖啡饮品

Espresso、Doppio、Ristretto、Lungo都是意式浓缩咖啡的衍生品。Doppio是指一次性喝两杯的浓缩咖啡，想象为英语中的"双"即可。当觉得1份不足时，改成Espresso Doppio就可以了。

Ristretto和Lungo区别在于用同量的咖啡豆，但加入不同量的水。用8克的咖啡粉和30毫升的水萃取出的是Espresso，20毫升的水萃取出的是Ristretto，50毫升以上的水萃取出的则是Lungo。如果你想要比意式浓缩咖啡更酸、香气更浓可以点Ristretto，如果想要比美式咖啡稍微浓郁一些，就可以点Lungo，将Lungo看作是欧式淡咖啡即可。

饮品名称	分量
Espresso	通过意式咖啡机萃取出25~30毫升的咖啡
Ristretto	萃取时间比起意式浓缩萃取时间更短（10~15秒），萃取量更少（15~20毫升）。
Lungo	萃取时间延长，比基本的意式浓缩咖啡量（50毫升）更多萃取。
Doppio	2份意式浓缩

<家庭用意式咖啡机萃取法>

准备物品：

意式咖啡机

咖啡粉16克（2人份）、水

制作步骤：

1. 倒水。家庭用意式咖啡机没有单独连接水管，需要直接倒入需要的水量。

2. 排出蒸汽阀中的水。这是将内部的积水排出，使新倒入的水可以稳定流动的过程。

3. 排出中央萃取口的水。这是将内部的积水排出，使新倒入的水可以稳定流动，帮助萃取顺利进行的过程。

4. 握住已转为45度的冲煮把手。

5. 将盛装咖啡粉的冲煮把手向左边转，再取下。

6. 在冲煮把手内放入适量的咖啡粉。

7. 用咖啡压粉锤或量匙背面将咖啡粉表面均匀压实。

8. 将把手以45度安装回去。

9. 将把手转回正中央。

10. 确认意式浓缩萃取指示灯是否亮起。

11. 放好杯子，旋转萃取按钮开始萃取。

12. 咖啡完成萃取后，取下冲煮把手，清理咖啡残渣并用流水冲洗，机器的中央萃取口也要用水冲洗干净。

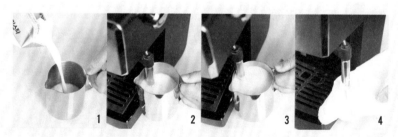

制作奶泡

1. 将牛奶倒入拉花缸中。

2. 将牛奶倒至拉花缸的一半位置后，浸过蒸汽棒1厘米左右后开始打泡。

3. 将空气注入牛奶中，柔顺的奶泡完成。

4. 奶泡制作完成后，用湿毛巾擦拭正气棒口。

<专家用意式咖啡机萃取法>

准备物品：

意式咖啡机、咖啡粉16克

制作步骤：

1. 将意式浓缩咖啡专用杯Demitasse放在温杯座上进行温杯。

2. 将盛装咖啡粉的冲煮把手向左旋转45度再取下。

3. 用水冲洗。

4. 用干手巾（麻料）擦拭冲煮把手内部的金属滤器，去除水气和残渣。

5. 在研磨机的支架上放上冲煮把手，启动研磨机。

6. 拉下研磨机的控制杆，在滤器内装入适量的咖啡粉。

7、8. 装入想要的咖啡粉量，用手将咖啡粉表面均匀压实，再用手或盖子将过滤器表面的咖啡粉适量刮除。如果是用研磨机研磨好定量的咖啡粉，或用全自动研磨机的情况，只需要压实咖啡粉即可。

9. 使用咖啡压粉锤将咖啡粉的表面压实，用力压下后，按顺时针方向转动压粉锤。在以前，人们偏好用压粉锤用力压实咖啡粉，现在即使不用压粉锤也可以，所以有时也会省略这一步骤。

10. 用过压粉锤后，确认咖啡粉表面高低是否一致，并进行调平。

11. 用手将冲煮把手边缘的咖啡粉扫掉。

12. 安装冲煮把手前，先放出过热的水2~3秒，再清除排水槽内的残渣。

13. 将装有咖啡粉的把手在向左旋转45度的状态下安装回冲煮头后，将冲煮把手转动回机身中心位置。先将后侧接触后，再将前侧稍微抬起转动，这样比较容易安装。

14. 在萃取口的下方放好Demitasse杯（或Shot Glass）。意式浓缩咖啡专用杯称为Demitasse，有刻度且能测量咖啡机萃取量的小而厚的玻璃杯称为Shot Glass。

15. 按下萃取键，萃取出30毫升的意式浓缩咖啡。

16. 萃取后，将意式浓缩咖啡放到一边，取下冲煮把手。

17. 将滤器用力敲打咖啡渣桶，除去内部的咖啡残渣。

18. 按下萃取键，将沾在滤器上的残渣用水冲洗掉。

19. 安装好冲煮把手前，用水清洗冲煮头的上部，再安回把手。即使平时不使用滤器，为了保持温度，也要把滤器把手安装在冲煮头上。

20. 根据个人喜好饮用萃取出的意式浓缩咖啡。一般来说，意式浓缩咖啡中会放入砂糖饮用，很多时候不搅拌直接饮用，但也可以搅拌后饮用。

什么是咖啡压粉锤和填压？

咖啡压粉锤（Tamper）

将冲煮把手中的咖啡粉平坦压实的工具，底部使用不锈钢、铝、塑料材质，把手则是用木头、橡胶、聚氨酯等材质制成。不锈钢压粉锤即使用很小的力量也可以轻松填压，铝或塑料的压粉锤则可以调节力量。

填压（Tamping）

指将冲煮把手中的咖啡粉压实，是可以使咖啡粉的密度一致，让水均匀通过的操作。如果用力进行填压，咖啡粉的密度会升高，

专业
意式咖啡机

水通过需要很长时间，咖啡的味道也会更浓郁。

新鲜咖啡的证明：Crema

　　Crema是指意式浓缩咖啡上2~4毫米厚度的浅褐色细密泡沫。这种Crema能持久保持住咖啡的香气，口感平顺，同时担当隔热层的角色，能防止咖啡快速冷却。其本身就具有柔和、清爽的味道，是意式浓缩咖啡中一个非常重要的元素。

　　Crema是从咖啡豆中萃取出的不溶于水的胶质成分和油脂、香气成分等，不沉淀且在上层漂浮。颜色呈红色或金色光泽，细腻、柔顺且丰富才是优秀的状态。越是新鲜高品质的咖啡，Crema就越多，泡沫细腻顺滑便缓慢消失，泡沫大且粗糙则会很快消失。

　　若想制作出带有优秀Crema的意式浓缩咖啡，必须要有新鲜的咖啡豆、好的意式咖啡机、适度地研磨、适当的填压、新鲜且干净的水。如果想知道是否萃取出了好的意式浓缩咖啡，请先仔细查看萃取出的Crema。

Special Lecture 5 | 特讲5

在家即可享用的
冰滴咖啡

　　有着黑巧克力的香气和柔和味道的冰滴咖啡深
受人们喜爱，于是越来越多的人开始在家里制作。
但是，专用器具的价格在1088元人民币以上，而且
体积较大，所以大家不敢轻易购买。接下来为冰滴
咖啡爱好者们介绍只需要163元人民币的经济型家庭
滴滤咖啡器具，以及任何人都可以轻松制作的利用
宝特瓶（Pet Bottle）的冰滴咖啡萃取法。经过长时间
用冷水一滴滴地萃取出的冰滴咖啡，有着更加浓郁
且多样的风味。因为可以长时间保存，所以在家里
试着萃取一下吧。

家庭式冰滴咖啡萃取法

准备物品（20人份）：

冰滴咖啡器具、咖啡粉70克、水700毫升

制作步骤：

1. 将咖啡粉装入滤器容器中。

2. 轻轻摇晃或敲打容器，使咖啡粉表面平整。

3. 安装滤器。

4. 安装上端器具。

5. 注入测好量的水。

6. 开始萃取。萃取出的冰滴咖啡装在密封容器内冷藏保存后，加入冷水
或冰块稀释后饮用。

利用宝特瓶的冰滴咖啡萃取法

准备物品（6人份）：

咖啡粉20克、水200毫升、宝特瓶（500毫升）2个、文具刀

制作步骤：

1. 用文具刀将准备好的宝特瓶切开。

2. 稍稍转开瓶盖，使咖啡可以缓缓流下。

3. 在要做底座的宝特瓶上放上有瓶盖部分的瓶子。

4. 装入咖啡粉。

5. 再放上另一个有瓶盖部分的宝特瓶。

6. 注水。咖啡萃取好后冷藏保存，在与水适当混合后饮用。

Lesson 4

咖啡配方

咖啡店人气菜单，亲自尝试制作吧

如果熟悉了萃取意式浓缩咖啡的方法，现在是时候来挑战在咖啡店品尝过的多样菜单了。在意式浓缩咖啡中加入牛奶、糖浆等几种材料，可以开发出无穷无尽的新菜单。尝试亲手制作美式咖啡、咖啡拿铁、卡布奇诺、咖啡摩卡等咖啡店内的人气菜单饮品吧。如果将萃取好的意式浓缩咖啡再搭配个人喜好，就可以制作出不亚于知名咖啡店内的美味咖啡。

（食谱的材料和分量都是以一人份为基准。）

1
美式咖啡

Americano

如果想要保持咖啡的香气，就在
温水里加入意式浓缩咖啡。如果
想让咖啡本身的味道变好，就在
意式浓缩咖啡中加入热水。

欧洲人喜欢饮用浓咖啡，而美国人喜欢像韩国大麦茶一样的淡咖啡，所以美国人喝的淡咖啡被称为美式咖啡。美式咖啡也是韩国人在咖啡店喜爱点的代表菜单饮品，与意式浓缩咖啡中的Lungo相似，但是，欧式Lungo较为浓稠且余味无穷，而美式咖啡的特点则是清澈且柔和。在意式浓缩咖啡中混合热水，可以品尝到柔和的咖啡味道，也被称为黑咖啡。

准备物品：
意式浓缩咖啡30毫升（1份）、热水200毫升

制作步骤：
1. 将热水倒入杯中。
2. 萃取意式浓缩咖啡。
3. 将意式浓缩咖啡加入热水中。

2
浓缩玛奇朵

Espresso Macchiato

意式浓缩咖啡菜单饮品，最重要的就是对咖啡豆的品质要高。使用烘焙后不到一周的一定量咖啡豆，萃取25秒即可获得最佳味道。

浓缩咖啡玛奇朵是一款可以很好享受到意式浓缩咖啡柔顺口感的菜单饮品。浓缩咖啡玛奇朵与咖啡拿铁、卡布奇诺的制作方法虽然非常相似，但牛奶的添加量却有差异。浓缩咖啡玛奇朵是先在意式咖啡的专用杯Demitasse杯中倒入意式浓缩咖啡，再加入20~30毫升的奶泡，这样就可以同时享受浓郁的咖啡味道和柔顺的牛奶味道。

准备物品：
意式浓缩咖啡30毫升（1份）、牛奶30毫升

制作步骤：
1. 将意式浓缩咖啡萃取到Demitasse杯中。
2. 利用蒸汽机或法式滤压壶制作奶泡（参见181页）。
3. 将奶泡倒在意式浓缩咖啡上，这时Crema没有散乱，同时泡沫稍微上升到杯子上面一点最为合适。

3
咖啡拿铁

Caffe Latte

增加意式浓缩咖啡的话，咖啡拿铁的味道会更加浓郁，且更有风味。在2份（60毫升）的意式浓缩咖啡中，加入用蒸汽机将牛奶打出的丝绒状奶泡，混合后会更加美味。

咖啡拿铁在意大利语中是将"咖啡"与"牛奶"这两个词结合起来的名称，就是咖啡牛奶的意思。意大利人喜欢饮用咖啡拿铁来代替早餐，制作方法只需要将咖啡和牛奶混合即可。作为一款能享受柔顺的咖啡味道的菜单饮品，可以按照自己的喜好添加牛奶量，也可以用奶泡制做拉花，或者将意式浓缩咖啡与奶泡一起混合等多种方式饮用。

准备物品：
意式浓缩咖啡30毫升（1份）、牛奶200毫升

制作步骤：
1. 萃取出意式浓缩咖啡。
2. 用蒸汽机打出适量的牛奶泡沫（参见181页）。
3. 将意式浓缩咖啡倒入杯中。直接在杯中倒入意式浓缩咖啡，才可以更好地感受到咖啡的香气。
4. 倒入步骤2中打好的奶泡，这时可以尝试拉花。
※ 想制作焦糖拿铁的话，可以加入20毫升的焦糖糖浆或焦糖酱。

4
卡布奇诺

Cappuccino

制作卡布奇诺最重要的就是奶泡要柔
顺。所以奶泡的柔软程度才是关键。使
用法式滤压壶制作奶泡时，先倒入一半
的牛奶，初期要大量抽压滤网，使空气
多多进入，再大幅度摇动3~4次后，使滤
网在牛奶中快速地移动，就可以打出泡
沫相对细腻的奶泡。

意大利人喜欢在白天喝浓郁的意式浓缩咖啡，晚上喝柔顺的卡布奇诺。卡布奇诺这个名称的由来是这样的：以前欧洲的天主教修道会中，名为圣芳济教会（**Capuchin**）的修士们都会头戴一顶尖尖的帽子，但是这个模样与充满奶泡的咖啡很相似，于是取名为卡布奇诺。

　　卡布奇诺与咖啡拿铁一样，是用咖啡与牛奶调和而制作的菜单饮品。在牛奶中打入很多空气来制成柔软的奶泡，再与意式浓缩咖啡混合饮用，可以同时感受到意式浓缩咖啡的浓郁味道和牛奶的柔顺。如果意式咖啡机上没有蒸汽棒的话，也可以用法式滤压壶或小型打泡器来制作奶泡。

准备物品：
意式浓缩咖啡30毫升（1份）、牛奶150毫升、肉桂粉（或巧克力粉）少许

制作步骤：
1. 将意式浓缩咖啡萃取到卡布奇诺杯中。
2. 用蒸汽机加热牛奶，并打出细腻的泡沫，泡沫越小味道越好。使用意式咖啡机时，蒸汽的压力越大，打出的奶泡越细密（参见181页）。
3. 将奶泡倒入杯中。
4. 根据个人喜好撒上些许肉桂粉。

5
咖啡摩卡

Caffe Mocha

巧克力糖浆如果没有
与咖啡或牛奶充分混
合，就会沉入杯底。
所以在倒入意式浓缩
咖啡后，要充分搅拌
均匀，味道才会很好
地融合。

原本称为咖啡摩卡拿铁才是正确的，简化后才称为咖啡摩卡。在咖啡中，摩卡有两种含义，一种是从中世纪开始就以咖啡出口港而闻名的摩卡港的意思，另一种则是有巧克力的意思。咖啡摩卡是加入巧克力的咖啡，是特别受到咖啡初学者们喜爱的菜单饮品，意式浓缩咖啡与奶泡、巧克力或巧克力酱融合在一起，充满柔顺香甜的味道。

准备物品：
意式浓缩咖啡30毫升（1份）、巧克力酱20毫升（或巧克力粉20克）、牛奶200毫升、巧克力粉少许

制作步骤：
1. 首先在要萃取出意式浓缩咖啡的容器中加入巧克力酱。
2. 萃取意式浓缩咖啡。
3. 将意式浓缩咖啡与巧克力酱充分混合。
4. 在杯中倒入意式浓缩咖啡与巧克力酱的混合物。
5. 倒入制作奶泡后（参见181页）。
6. 撒上巧克力粉，可根据个人喜好挤上鲜奶油或巧克力酱。

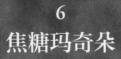

6
焦糖玛奇朵

Caramel Macchiato

最底部的焦糖糖浆与中间的意式
浓缩咖啡，加上最上方的奶泡，
形成三层构造，所以焦糖玛奇朵
要使用长匙。虽然可以全部混合
后再饮用，但如果不混合直接喝
的话，可以在最初享受到奶泡的
柔顺，接着感受到咖啡拿铁的香
醇味道，以及在最后品尝到焦糖
糖浆的香甜。

香甜的焦糖糖浆和浓郁的意式浓缩咖啡完美的融合，成为深受女性喜爱的菜单饮品。在国际咖啡连锁店中也广受欢迎，从而在大众化的咖啡菜单饮品中占有一席之地。

玛奇朵（Macchiato）在意大利语中是"印记"的意思。其他的咖啡菜单饮品都是在意式浓缩咖啡中添加糖浆，这款饮品则是在奶泡中最后加入意式浓缩咖啡，就好像是在白色的画纸上印上黑色的标记一样。

准备物品：
意式浓缩咖啡30毫升（1份）、牛奶200毫升、焦糖酱（或焦糖糖浆）20毫升

制作步骤：
1. 将焦糖酱倒入杯中，也可以使用焦糖糖浆。
2. 准备奶泡（参见181页）。
3. 在装有焦糖糖浆的杯中倒入奶泡。
4. 萃取意式浓缩咖啡。
5. 在奶泡中选一个点倒入萃取好的意式浓缩咖啡，可以根据个人喜好浇上焦糖糖浆。

7
阿法奇朵

Affogato

阿法奇朵（Affogato）在意大利语中是"淹没"的意思，正如其名，是将热的意式浓缩咖啡浇在冰淇淋上的咖啡菜单饮品。冷冰淇淋与热咖啡，甜味与苦味，白色与黑色形成对比，展现出与众不同的风味。只要准备好冰淇淋与意式浓缩咖啡就可以制作，非常简单。

准备物品：
意式浓缩咖啡30毫升（1份）、冰淇淋1~2个球

制作步骤：
1. 在杯中放入香草冰淇淋。
2. 萃取意式浓缩咖啡。
3. 将萃取的意式浓缩咖啡浇在冰淇淋上。

8
冰美式咖啡

Ice Americano

最有人气的美式咖啡，更加温和且凉爽，尤其是在夏季深受喜爱，特点是苦味较淡，味道清爽。

准备物品：
意式浓缩咖啡30毫升（1份）、水150毫升、冰块适量

制作步骤：
1. 在杯中装满冰块。
2. 在装有冰块的杯中倒水。
3. 倒入萃取好的意式浓缩咖啡。

冰摇咖啡（Shakerato）
在意大利语中是"摇动后再喝的咖啡"的意思，在雪克壶中加入糖浆、冰块、意式浓缩咖啡，快速摇晃混合即可完成。柔和的咖啡泡沫和急速冷却抓住意式浓缩咖啡原有的浓郁风味，是一款可以优雅享用的高级冰饮。

9
冰咖啡拿铁

Ice Caffe Latte

一款柔和且凉爽有魅力的菜单饮品，即使没有特殊的器具也可以在家里简单制作。想要浓郁味道的话，就增加意式浓缩咖啡的量；想要享用温和味道的话，就多加入一些牛奶。放入冰咖啡拿铁中的牛奶不要加热，要使用冰牛奶。

准备物品：
意式浓缩咖啡30毫升（1份）、牛奶150毫升、冰块适量

制作步骤：
1. 在杯中装满冰块。
2. 在装满冰块的杯中倒入牛奶。
3. 倒入萃取好的意式浓缩咖啡。

10
冰卡布奇诺

Ice Cappuchino

在咖啡香气浓郁的咖啡拿铁上，加上丰富奶泡的菜单饮品，特色是味道柔和且香醇，也可以再加入肉桂粉、可可粉或坚果碎。要用冷藏过的冰牛奶，蒸汽牛奶只加入泡沫即可。如果家中没有打泡器或法式滤压壶，可以在搅拌机中倒入牛奶，也可以打出柔软的奶泡。

准备物品：

意式浓缩咖啡30毫升（1份）、牛奶100~120毫升、冰块适量、肉桂粉（或巧克力粉）少许

制作步骤：

1. 在杯中装满冰块。

2. 将冰牛奶倒入打泡器中。

3. 制作冰奶泡（参见148页）。

4. 将萃取出的意式浓缩咖啡倒入1中。如果想要浓郁的味道，请加入两份（50~60毫升）意式浓缩咖啡。

5. 倒入冰奶泡，或放入蒸汽奶泡中的泡沫部分。根据个人喜好撒上肉桂粉。

11
冰咖啡摩卡

Ice Caffe Mocha

凉爽的咖啡摩卡菜单饮品，广受年轻女性们的欢迎。浓郁的意式浓缩咖啡与牛奶、巧克力酱、搅打奶油相融合，能享用到既香醇又甜美的味道。还可以用奶泡来代替搅打奶油。如果没有意式浓缩咖啡萃取器具，也可以使用市面上销售的混合咖啡与巧克力酱混合制作。

准备物品：

意式浓缩咖啡30毫升（1份）、牛奶100毫升、巧克力酱、搅打奶油、冰块分别适量

制作步骤：

1. 在杯中装满冰块。
2. 倒入冰牛奶。
3. 将意式浓缩咖啡与巧克力酱混合。
4. 将混合了巧克力酱的意式浓缩咖啡均匀地倒入2中。
5. 放上搅打奶油，淋上巧克力酱。

12
摩卡奇诺

Mochachino

摩卡奇诺是其他咖啡店应用星巴克的星冰乐制作的菜单饮品。星冰乐（法布奇诺，Frappuchino）这个名字是将意大利亚语中有"冰凉的"意思的"Frappe"与"Cappuchino"结合，意为"冰卡布奇诺"。市面销售的摩卡奇诺是将意式浓缩咖啡与巧克力、少许牛奶、冰块磨碎制作的冰咖啡饮品。

准备物品：

意式浓缩咖啡30毫升（1份）、巧克力酱30毫升、牛奶50毫升、冰块100克、摩卡星冰乐粉30克

制作步骤：

1. 在搅拌机中放入冰块。
2. 加入摩卡星冰乐粉。
3. 倒入萃取出的意式浓缩咖啡。
4. 倒入牛奶。
5. 加入巧克力酱。
6. 用搅拌机搅碎后倒入杯中。

特殊风味的拿铁，
香橙拿铁

Orange Bianco

　　咖啡菜单饮品在不断进化，现在为大家介绍一下近期最热门的饮品，开辟了拿铁新世界的香橙拿铁。香橙拿铁是加入了香橙果肉的咖啡，清爽香橙香气和柔顺的丰富奶泡，喝完咖啡后留下的香橙子香甜味道，非常有人气。

　　咖啡专卖店虽然有很多，但是销售的菜单饮品大致相同。如果觉得相同的咖啡菜单饮品令人厌倦的话，可以挑战一下香橙拿铁。将提前1~2天在砂糖中腌渍好的香橙，放入咖啡拿铁中，就变成了一款与众不同的饮品。一开始会对这个味道多少有些陌生，但很快就会被柔顺的奶泡和微苦的咖啡、酸甜香橙果肉的搭配所吸引。

香橙与奶泡的搭配
就像香橙拿铁（Orange Bianco）中的Bianco
在意大利语中是白色的意思，这是一款在纯白
柔顺的奶泡上搭配清新香橙制作的菜单饮品。

制作香橙拿铁

准备物品（1人份）：

香橙1/2个、牛奶200毫升、意式浓缩咖啡1份（也可以不加）、香橙酱30毫升

制作步骤：

1. 选择新鲜且糖度高的香橙，洗净后带皮切成薄片。

2. 在杯中放入适量的香橙酱。香橙酱是将香橙去皮后，适当地切碎，装入玻璃瓶中，撒满白砂糖腌渍1~2天即可，也可以使用柚子酱来代替。

3. 用牛奶制作出热奶泡，倒在杯中。这时适量留下些奶泡中细密的泡沫，将香橙酱与奶泡搅拌均匀。

4. 倒入萃取好的意式浓缩咖啡。

5. 倒入剩下的全部奶泡。

6. 将香橙薄片轻轻地放在奶泡上。

想要品尝一下纯正香橙拿铁？

如果对陌生的香橙拿铁的纯正味道感到好奇的话，可以去专门咖啡店看看。可以享受到与以往喝过的咖啡完全不同的味道。

Lesson 5

拿铁艺术

用奶泡
增加咖啡的美感

拿铁艺术（拉花）顾名思义是指代表牛奶的“Latte”与代表艺术的“Art”的结合，意为“用牛奶制成的艺术”。咖啡师们在咖啡中混合奶泡，将制作出来的模样升华为艺术。用上好的意式浓缩咖啡和绵密的奶泡、细腻的手法等，将味道、外观与诚意三方面完美融合。这是咖啡技术中最需要多加练习的一个部分，为了完美地完成一种拉花造型，需要用掉超过50袋1000毫升的牛奶来练习。但是雕花拉花造型，只需要十分钟熟悉后即可学会。在特别的日子，亲手完成属于自己的拉花，享受与众不同的咖啡时间如何呢?

1
云朵卡布奇诺

卡布奇诺奶泡的泡沫多，轻盈且黏性强，不易流动，很容易呈现出简单的形状。用卡布奇诺匙盛出满满的奶泡放入杯中，就能表现出天空中一团团盛开的云朵。

准备物品：
意式浓缩咖啡30毫升（1份）、牛奶150毫升、拉花缸、卡布奇诺匙、肉桂粉（或巧克力粉）少许

制作步骤：

1. 将牛奶倒进拉花缸，打出奶泡（参见181页）。
2. 将意式浓缩咖啡萃取到卡布奇诺杯中。
3. 倒入一半的奶泡，这时的奶泡使空气在牛奶中100%混合，制作出不易流动状态的干卡布奇诺。
4. 用卡布奇诺匙舀起奶泡铺满咖啡。
6. 撒上肉桂粉或者巧克力粉。

> **制作适当的奶泡**
> 打得好的牛奶奶泡像丝绒一般柔软，所以也被称为丝绒奶泡。奶泡分为空气占全部牛奶量的10%~20%的拿铁拉花用，以及与牛奶量两倍的空气所混合的卡布奇诺用。拿铁拉花用的奶泡可以很好地流动，容易表现复杂的图形；卡布奇诺用奶泡中空气含量高，较轻且黏性强，不易流动。卡布奇诺用奶泡分为湿卡布奇诺（Wet Cappuchino）与干卡布奇诺（Dry Cappuchino）。湿卡布奇诺湿润的泡沫接近流动的状态，干卡布奇诺的泡沫较大，可以保持固定的形状或是向上叠加堆起。

2
3D猫咪

3D拉花是将奶泡叠加在咖啡上，形成立体的形状，是最近深受欢迎的拉花方式之一。要想表现出3D猫咪，就要将泡沫丰富的堆叠，再用小匙舀起一些泡沫搭在上面。但是牛奶中打入了满满的空气，打出大泡沫的话，味道和触感都会下降。所以需要知道，为了制作出美丽的外观，咖啡的味道与口感就会略微逊色。

什么是拉花笔？
想要画出3D猫咪的眼睛、鼻子、嘴或者巧克力花朵，需要尖形的拉花笔。尖尖的部分可以用来调节细微的模样和线条的粗细。没有拉花笔的时候也可以使用牙签来画。

准备物品：

意式浓缩咖啡30毫升（1份）、牛奶200毫升、可可粉少许、拉花缸、茶匙、拉花笔（或牙签）

制作步骤：

1. 将意式浓缩咖啡萃取到拿铁杯中。

2. 均匀地撒上可可粉。

3. 在拉花缸中倒入牛奶，打出奶泡。此时要尽可能多地混入空气（参见181页）。

4. 将准备好的奶泡倒入2中。

5. 用茶匙在适当的位置堆叠奶泡，制作出猫咪脸部模样。

6. 脸部出现后，将茶匙稍稍抬起，在末端做出尖尖的耳朵。

7~9. 使用拉花笔蘸一点意式浓缩咖啡褐色的泡沫，在白色的泡沫上画出漂亮的眼睛、鼻子和嘴巴。

3
巧克力花朵

巧克力花朵是使用拉花笔以雕花法（Etching）来完成绘画的。完成后的模样虽然看起来复杂，但是比想象中的要容易绘画，所以适合拉花初学者来挑战一下。雕花法是用糖浆来装饰拉花，使用拉花笔随意勾画，就可以制作出无穷无尽的形状图案。

什么是直接倒入成形法（Pouring）?

是指在没有其他道具的情况下，倒入蒸牛奶时通过调节拉花缸高度来表现出图案形状的方法。为了拉花成功，意式浓缩咖啡必须要有黏稠且密度高的Crema、混入适量空气的蒸牛奶以及咖啡师精准的手法。其中表示"倾倒"含义的直接倒入成形法需要通过好的牛奶蒸煮来实现，那么蒸汽的压力要很大。咖啡店的机器因为锅炉较大，所以可以通过强大的压力打出好的奶泡，但是家用的意式咖啡机大部分的压力较小，用倒入成形法做出的造型可能会有一定局限性。

准备物品：

意式浓缩咖啡30毫升（1份）、牛奶200毫升、巧克力酱适量、拉花缸、拉花笔（或牙签）

制作步骤：

1. 将意式浓缩咖啡萃取到拿铁杯中。

2. 用牛奶制作奶泡（参见181页）。

3. 倒入奶泡，做出硬币大小的圆形。

4. 根据圆形的大小，用巧克力酱描绘圆形边缘。

5. 稍稍隔开一些距离，再画一个大些的圆形。

6. 用拉花笔从杯子中心向边缘画线。

7. 再从另一边中间向边缘画8条线，都要画得对称。

8. 再由边缘向内画，所有的画线都要对称画8条。

9. 最后放上一颗咖啡豆作为装饰。

4

爱心拉花

爱心是很多人喜欢的图案，但是直接倒入成形法对于初学者来说不是很容易，所以请仔细观察并跟着做吧。

准备物品：

意式浓缩咖啡30毫升（1份）、牛奶200毫升、拉花缸

制作步骤：

1. 将意式浓缩咖啡萃取到杯中。

2. 萃取意式浓缩咖啡的同时，用牛奶打出奶泡（参见181页）。

3. 将装有意式浓缩咖啡的杯子微微倾斜，将奶泡倒入杯子一半左右。这时候要将奶泡从意式浓缩咖啡的中间倒入，使Crema稳定并将保持在5~10cm的高度，稍微移动着重点倒入奶泡非常重要。

4. 当倒入的奶泡超过一半时，再倒入1厘米以下的奶泡画一个小圆形。奶泡达到杯子的95%时，将拉花缸抬高至距杯子3cm左右的高度，做一个爱心尾部的尖尖。这时要减少奶泡的量，轻轻地倒入，这样心形的尾部才能漂亮地完成。

5
Rosetta 拉花

华丽帅气的树叶模样（Rosetta）虽然是拉花的基本，但并不是任何人都可以轻松做出来的，特别是手部正确的晃动才能完成漂亮的Rosetta拉花。持杯的手向两边轻轻晃动的同时还要保持适当间隔的技术非常重要。当然，奶泡的浓度也要适当，才能制作出漂亮的Rosetta。根据奶泡的状态，Rosetta的宽度和树叶数量也会不同的展现出来。

练习手部晃动与杯子倾斜

制作拉花时，为了表现Rosetta等难度较大的图案，需要手部轻柔地移动。第一次尝试制作拉花时，大部分人的手腕或胳膊、肩膀都很僵硬，画出的拉花图案不太好看，所以需要练习轻柔地左右移动。在晃动时不仅要轻柔，速度也要固定，另外练习杯子倾斜的角度也很重要。通常保持拉花缸离咖啡表面1厘米以内的距离，才可以画出好的图案。特别是波浪较多的情况，要保持在0.5厘米以内的距离才可以完美表现出图案。倒奶泡时要最大限度地贴近咖啡表面，倾斜杯子减小落差，当奶泡逐渐填满杯子时，慢慢地将杯子扶正，这样咖啡就不会流出来。

准备物品：

意式浓缩咖啡30毫升（1份），牛奶200毫升，拉花缸

制作步骤：

1. 将意式浓缩咖啡萃取到拿铁杯中。

2. 打出奶泡。如果奶泡中的空气很多，Rosetta的图案可能无法完美展现，所以只混入10%~20%的空气即可（参见181页）。

3. 将杯子稍稍倾斜，从杯子内侧倒入奶泡。

4. 当奶泡占据杯子1/3位置时，以中间点为基准，一边晃动手部一边倒入奶泡。

5. 当倒入的奶泡占满杯子一半的时候，将倾斜的杯子轻轻地立起，继续摇晃手部倒入奶泡。

6. 这时稍稍提起杯子，一开始倒入奶泡的地方会浮现出纹路。

7. 在杯子快满时，将杯子保持水平。

8. 将拉花缸举到离杯子3厘米以上的高度，画出中间线。

9. 画完线后，如果在尾部长时间停留，尾部就会变粗，所以需要马上收尾。

不添加咖啡的
特制拿铁饮品

　　家中如果有人不喜欢咖啡的苦味，或者有不能摄取咖啡因的孕妇，再或者有青少年的话，推荐这款不放咖啡的拿铁饮品，只需要打好的奶泡就可以充分享用的特制拿铁。加入柔顺奶泡喝的时候，入口时口感很好，即使不加砂糖也会有强烈的甜味。因为乳脂肪含量越多，乳糖就越多，甜味也会更浓。牛奶的柔和风味与搭配的材料结合，可以呈现出丰富的味道。尤其是与绿茶粉和红茶粉等天然茶叶粉，或是南瓜、地瓜等蔬菜，核桃、杏仁等坚果类搭配非常合适。

　　制作奶泡是要使用冰牛奶，牛奶量要达到拉花缸的40%左右。奶泡的温度在60℃较适合，如果太热风味就会变得不好，太凉则不会产生绵密的泡沫。请注意如果用过高的温度煮牛奶，可能会出现腥味。

红薯拿铁

　　使用市面销售的红薯泥，或将家里的蒸红薯捣碎，加入蜂蜜、鲜奶油，然后混合奶泡饮用的饮品，作为早餐或者零食也很耐饱

准备物品（1人份）：
红薯泥50克、牛奶200毫升，坚果碎少许

制作步骤：
1. 将50毫升的牛奶打成奶泡，这时打入少许空气混合（参见181页）。
2. 将红薯泥放入奶泡中搅拌均匀。
3. 将剩余的150毫升牛奶打成奶泡再倒上去，还可根据个人喜好添加坚果碎。

抹茶拿铁

作为清晨拿铁最为恰当的抹茶拿铁，微苦的抹茶与柔顺的奶泡搭配而成的饮品，无论是热饮还是冰饮都非常美味。

准备物品（1人份）：

抹茶粉（或市售的抹茶拿铁粉）30克、牛奶200毫升

制作步骤：

1. 将牛奶倒入拉花缸中打出奶泡（参见181页）。

2. 在杯中加入抹茶粉和少量的奶泡均匀混合。

3. 倒入剩下的奶泡即可完成抹茶拿铁。市面上销售的抹茶拿铁粉中含有糖分，所以有甜味。使用纯抹茶粉制作时，可以再添加一些糖浆。

巧克力拿铁

比起我们常喝的可可粉，能更加丰富地感受到牛奶的柔和风味。在完成的巧克力拿铁中加入棉花糖、巧克力等一起饮用也很美味。

准备物品（1人份）：
巧克力粉（或市售的巧克力拿铁粉）30~50克、牛奶200毫升

制作步骤：

1. 将牛奶倒入拉花缸中打出奶泡（参见181页）。
2. 在杯中加入巧克力粉和少量的奶泡均匀混合。
3. 倒入剩下的奶泡即可完成巧克力拿铁。使用含有糖分的巧克力粉直接饮用即可，使用纯巧克力粉可以加入糖浆或棉花糖、巧克力等一起饮用会更加美味。

印度茶拿铁

　　将印度茶独特的香气与牛奶调和制成的印度茶拿铁，在寒冷天气时饮用，身体会很暖和。

准备物品（1人份）：
印度茶拿铁粉30克、牛奶200毫升

制作步骤：

1. 将牛奶倒入拉花缸中打出奶泡（参见181页）。
2. 在杯中加入少量的奶泡和印度茶拿铁粉均匀混合。
3. 倒入剩下的奶泡即可完成印度茶拿铁。市售的印度茶拿铁粉中含有糖分，所以可以直接饮用。

奶茶拿铁

　　很多女性在茶点时间饮用的奶茶中,添加了满满的奶泡,是一款可以尽情享受浓郁牛奶香味的饮品。

准备物品（1人份）:
红茶包2~3个（或者市售的奶茶粉30克）、牛奶200毫升

制作步骤:
1. 将牛奶倒入拉花缸中打出奶泡（参见181页）。
2. 在杯中倒入少量的奶泡,放入红茶包冲泡出浓郁的红茶。使用市面上销售的奶茶粉时,要与少量的奶泡均匀混合。
3. 倒入剩下的奶泡即可完成奶茶拿铁。虽然市售的奶茶粉中含有糖分,但使用红茶包冲泡时可以根据个人口味添加糖浆。

图书在版编目（CIP）数据

大师级手冲咖啡学 / （韩）崔荣夏著；石慧译. —北京：
中国轻工业出版社，2022.1

ISBN 978-7-5184-2694-2

Ⅰ.① 大… Ⅱ.① 崔… ② 石… Ⅲ.① 咖啡—配制
Ⅳ.① TS273

中国版本图书馆 CIP 数据核字（2019）第 222574 号

责任编辑：钟　雨

策划编辑：钟　雨　　　责任终审：唐是雯　　封面设计：伍毓泉

版式设计：锋尚设计　　责任校对：晋　洁　　责任监印：张　可

出版发行：中国轻工业出版社（北京东长安街6号，邮编：100740）

印　　刷：北京博海升彩色印刷有限公司

经　　销：各地新华书店

版　　次：2022年1月第1版第1次印刷

开　　本：710×1000　1/16　印张：15.25

字　　数：200千字

书　　号：ISBN 978-7-5184-2694-2　定价：68.00元

邮购电话：010-65241695

发行电话：010-85119835　传真：85113293

网　　址：http://www.chlip.com.cn

Email：club@chlip.com.cn

如发现图书残缺请与我社邮购联系调换

160927S1X101ZYW